Förder- und Übungsheft
Mathematik Klasse 8

PAETEC
Gesellschaft für Bildung und Technik mbH

!!!!

Wie solltest du mit diesem Heft arbeiten?

2 Zu jedem Thema findest du Aufgaben, die durch einen Kreis gekennzeichnet sind. Diese Aufgaben solltest du unbedingt lösen, auch wenn es oft auf den ersten Blick so scheint, als ob sie gar nichts mit dem Thema zu tun haben. Kannst du diese Aufgaben nicht lösen, bitte deinen Lehrer um Hilfe.

4 Mit einem Quadrat versehene Aufgaben sind „normale“ Aufgaben zum Thema. Diese Aufgaben solltest du möglichst alle lösen.

18 Schwierigere Aufgaben und Knobeleien sind mit diesem Zeichen markiert. Sie stehen meist am Ende eines Themas. Wenn du diese Aufgaben richtig gelöst hast, ist es sehr wahrscheinlich, dass du den Stoff verstanden hast.

> Merkstoff oder verschiedene Tipps zum Lösen von Aufgaben sind eingerahmt.

An dieser Stelle findest du die Lösungen einer ganzen Seite.
Wir haben es dir aber nicht zu einfach mit dem Vergleich der Lösungen gemacht. Die Lösungen wurden auf den Kopf gestellt und manchmal auch verschlüsselt. Du kannst sie während der Arbeit mit einem Blatt Papier abdecken.
Wenn du sehr wenig Vertrauen zu dir selbst hast und meinst, dass du sie schon vor dem Lösen der Aufgaben ansehen wirst, dann schneide sie einfach aus und lege sie beiseite. Damit du weißt, zu welcher Seite welche Lösungen gehören, wurde auch der Lösungsteil mit der Seitennummer versehen.

Lösungen

1 Berechne!

a) +5 + 18 = ______ b) −6 − 26 = ______ c) −7 − 15 = ______

d) 1 − 34 = ______ e) 17 − 19 = ______ f) −25 + 28 = ______

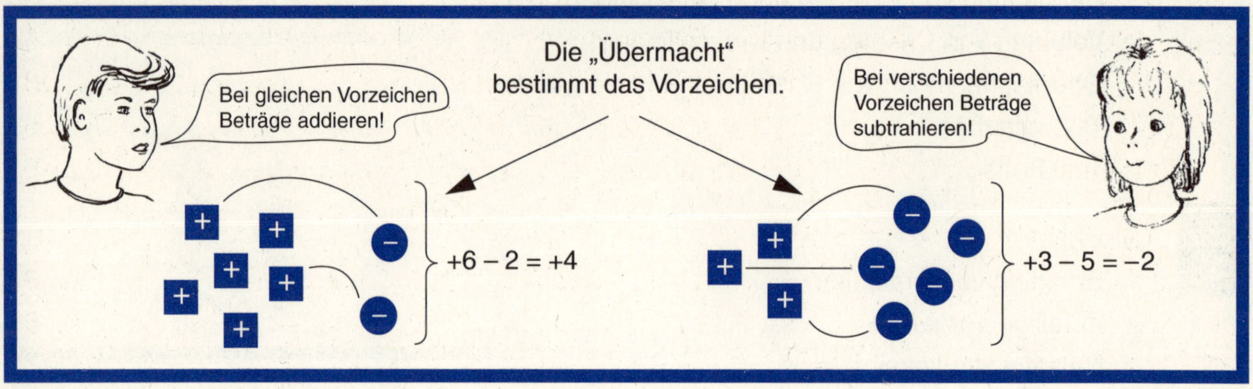

2 Berechne!

a) 16 − 28 = ______ b) 28 − 16 = ______ c) −28 − 16 = ______

d) 28 + 16 = ______ e) 28 − (−16) = ______ f) −16 − (−28) = ______

3 Fasse zusammen!

a) 27 − 8 − 7 + 13 − 20 − 9 = ______

b) 6,5 − 5,5 + 4,5 − 3,5 + 2,5 − 1,5 + 0,5 = ______

4 Berechne!

a) $-\frac{1}{2} + \frac{1}{3} =$ ______ b) $-\frac{1}{5} - \frac{1}{2} =$ ______

c) $\frac{1}{6} - 1 =$ ______ d) $-\frac{6}{9} + \frac{8}{12} =$ ______

5 Verteile die folgenden Zahlen

−1 ; $+\frac{1}{2}$; −15 ; +5 ; −4 ; −30

so auf die leeren Kästchen, dass alle Ergebnisse negativ sind! Gib die Ergebnisse an!

a) 3 ☐ = ______ b) −6 ☐ = ______ c) 0 ☐ = ______

d) 25 ☐ = ______ e) −1 ☐ = ______ f) $13\frac{1}{2}$ ☐ = ______

6 Je eine Zahl aus der Menge A ergibt zusammen mit einer Zahl aus der Menge B eine Zahl aus der Menge C. Ein Beispiel dafür ist angegeben. Nenne weitere Möglichkeiten!

A: −7, 1, −4, −9, 21

B: −6, +12, −2, +3, +0

C: −4, 3, 21, −6, −5

−4 − 2 = −6

______ = ______

______ = ______

______ = ______

______ = ______

Lösungen

1. a) 23 b) −32 c) −22 d) −33 e) −2 f) 3
2. a) −12 b) 12 c) −44 d) 44 e) 44 f) 12
3. a) −4 b) 3,5
4. a) $-\frac{1}{6}$ b) $-\frac{7}{10}$ c) $-\frac{5}{6}$ d) 0
5. a) 3 − 4 = −1 b) −6 + 5 = −1 c) 0 − 1 = −1 d) 25 − 30 = −5 e) $-1 + \frac{1}{2} = -\frac{1}{2}$ f) $13\frac{1}{2} - 15 = -\frac{3}{2}$
6. 21 + 0 = 21; −7 + 3 = −4; −9 + 12 = 3; 1 − 6 = −5

1 Rechne im Kopf!

a) $4 \cdot 3 =$ ______ b) $11 \cdot 2 =$ ______ c) $4 \cdot 8 =$ ______

d) $6 \cdot 7 =$ ______ e) $13 \cdot 4 =$ ______ f) $31 \cdot 2 =$ ______

Ein Produkt zweier rationaler Zahlen

ist positiv, wenn beide Vorzeichen gleich sind.	ist negativ, wenn beide Vorzeichen verschieden sind.	ist null, wenn (mindestens) ein Faktor null ist.
(+) · (+) → (+)	(+) · (−) → (−)	(+) · 0 → 0
(−) · (−) → (+)	(−) · (+) → (−)	(−) · 0 → 0

2 Berechne!

a) $4 \cdot (+3) =$ ______ b) $(-11) \cdot (-2) =$ ______ c) $(-4) \cdot 8 =$ ______

d) $(+6) \cdot (-7) =$ ______ e) $(+13) \cdot (+4) =$ ______ f) $(-31) \cdot (-2) =$ ______

3 Setze in die Kästchen die richtige Zahl ein!

a) $(-8) \cdot (-6) = \square$ b) $\square \cdot 2 = 48$ c) $-16 \cdot \square = 48$

4 Berechne!

a) $(-2) \cdot (-1) \cdot 0 \cdot (+1) \cdot (+2) =$ ______ b) $(-4) \cdot (+5) \cdot (-4) \cdot 25 =$ ______

5 Vervollständige folgenden Text zum Dividieren rationaler Zahlen!

a) Haben beide Zahlen verschiedene Vorzeichen, dann ist der Quotient ______________.

Beispiele: $(+35) : (-7) =$ ____ ; $(-35) : (+7) =$ ____

b) Haben beide Zahlen __________ Vorzeichen, dann ist der Quotient positiv.

Beispiele: $(+35) : ($____$) =$ ____ ; $(-35) :$ ____ $=$ ____

6 Berechne folgende Quotienten!

a) $56 : (-8) =$ ______ b) $(-72) : (-9) =$ ______ c) $0 : (-10) =$ ______

d) $(-36) : 4 =$ ______ e) $(-10) : (-1) =$ ______ f) $(-11) : 0 =$ ______

7 Berechne!

a) $(-8) \cdot \frac{1}{4} =$ ______ b) $(-\frac{2}{3}) \cdot (-\frac{3}{2}) =$ ______ c) $(+6) \cdot (-\frac{1}{2}) =$ ______

d) $(-6) : \frac{1}{2} =$ ______ e) $\frac{4}{5} : (-\frac{1}{10}) =$ ______ f) $(-\frac{1}{2}) : (-6) =$ ______

8 Berechne das Produkt!

$(-\frac{1}{2}) \cdot (-\frac{2}{3}) \cdot (-\frac{3}{4}) \cdot (-\frac{4}{5}) \cdot (-\frac{5}{6}) =$ ______________

Lösungen

7. a) −2 b) 1 c) −3 d) −12 e) −8 f) $\frac{1}{12}$ 8. $-\frac{1}{6}$

2. a) 12 b) 22 c) −32 d) −42 e) 52 f) 62 4. a) 0 b) 2000

6. a) −7 b) 8 c) 0 d) −9 e) 10 f) nicht definiert 5. a) negativ b) gleiche

1. a) 12 b) 22 c) 32 d) 42 e) 52 f) 62 −5; −5 5; 5

3. a) 48 b) 24 c) −3

1 Berechne!

a) $2^2 =$ ______ b) $10 \cdot 10 \cdot 10 =$ ______ c) $12^2 =$ ______

2 Vervollständige die Texte!

a) Das Quadrat einer rationalen Zahl a $(a \neq 0)$ ist stets ______ .

b) Eine Potenz mit negativer Basis hat einen positiven Potenzwert, wenn der Exponent ______ ______ ist und einen negativen Potenzwert, wenn ______ ______

3 Rechne die Potenzwerte aus!

a) $(-2)^2 =$ ______ b) $(-2)^3 =$ ______ c) $(-2)^4 =$ ______ d) $(-2)^5 =$ ______

4 Berechne!

a) $6^2 =$ ______ b) $(-4)^2 =$ ______ c) $10^3 =$ ______ d) $(-10)^3 =$ ______

e) $(-3)^4 =$ ______ f) $(-12)^2 =$ ______ g) $(-1)^3 =$ ______ h) $(-1)^{20\,000} =$ ______

5 a) Es gelte $z = (-1)^n$.
Ergänze die Tabelle!

n	1	2	3	4	5	6	7
z							

b) Trage die Zahlenpaare als Punkte in das Koordinatensystem ein!

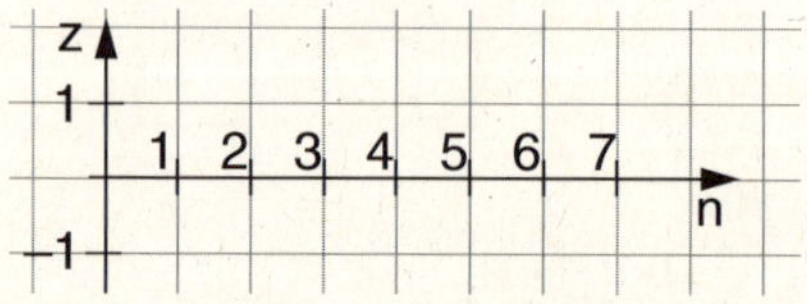

6 Ordne die Terme der Größe nach!

$2 \cdot 5 =$ ____; $2 \cdot 5^2 =$ ____; $2^2 \cdot 5 =$ ____; $(2 \cdot 5)^2 =$ ____

____ < ____ < ____ < ____

7 Trage in die leeren Felder die richtigen Zahlen ein!

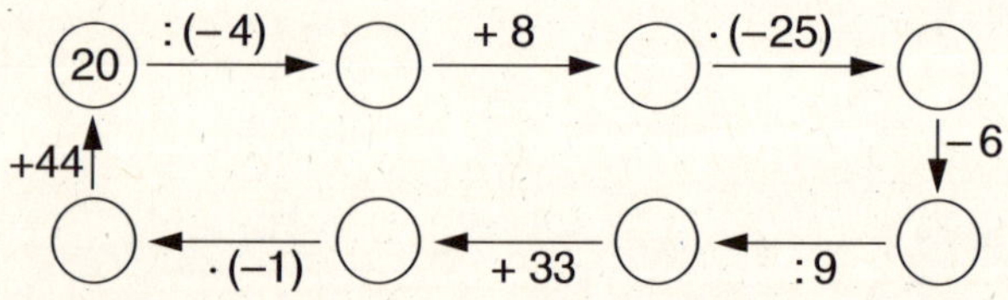

Die Summe der eingetragenen Zahlen ergibt ______ .

8 Ergänze die fehlenden Zahlen! In gleichen Feldern stehen gleiche Zahlen.

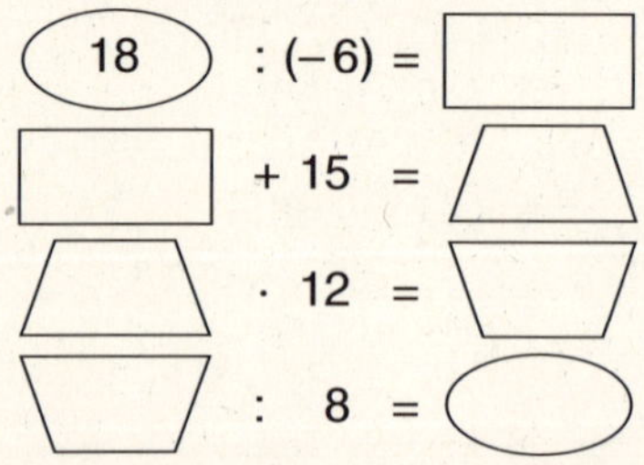

Lösungen

1. a) 4 b) 1000 c) 144
2. a) positiv b) gerade ... ungerade ist
3. a) 4 b) –8 c) 16 d) –32
4. a) 36 b) 16 c) 1000 d) –1000 e) 81 f) 144 g) –1 h) 1
5. a)

n	1	2	3	4	5	6	7
z	–1	1	–1	1	–1	1	–1

b)

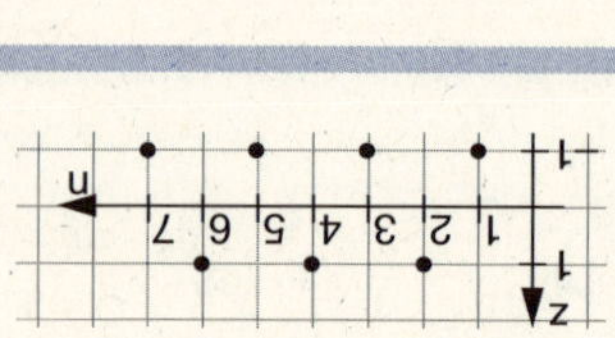

6. 10; 50; 20; 100 $2 \cdot 5 < 2^2 \cdot 5 < 2 \cdot 5^2 < (2 \cdot 5)^2$
7. (–5) (+3) (–75) (–81) (–9) (+24) (–24) = –167
8. [–3] (18) [12] [144]

1 Berechne!

a) $7 + 7 + 7 + 7 =$ ____________ b) $7 + 7 + 7 + 2 \cdot 7 =$ ____________

c) $1a + 1a + 1a =$ ____________ d) $1b + 2b + 3b =$ ____________

e) $1a - 1a + 1a =$ ____________ f) $5b - 2b + b =$ ____________

$2a + 5b + 4a - b$
$= 2a + 4a + 5b - b$
$= 6a + 4b$

$x + (3x - 4)$
$= x + 3x - 4$
$= 4x - 4$

$8n - (2n + 5)$
$= 8n - 2n - 5$
$= 6n - 5$

2 Fasse zusammen!

a) $19a + 8a + a =$ ____________ b) $100b - 17b - b =$ ____________

c) $15a + 9 - 5a + 1 =$ ____________ d) $12b - 17 + 3b + 2 =$ ____________

e) $8x^2 - 12x + 9x - 6x^2 =$ ____________ f) $7m + 2p - 10m - 4p =$ ____________

3 Ordne und fasse zusammen!

$24x - 13y + 28z + z - 17x - 2y =$ ________________________

4 Löse folgende Gleichungen! Welche Aussage kannst du zur Lösung der Gleichung machen?

a) $8x + 5x - 12x - x = 0$

b) $\frac{x}{2} + \frac{x}{4} - \frac{x}{20} = \frac{63}{9}$

c) $4a + 23 - a = 31 + 3a - 10$

Lösungen

3. $7x - 15y + 29z$
1. a) 28 b) 35 c) 3a d) 6b e) 1a f) 4b
4. a) $L = \mathbb{Q}$ Jede rationale Zahl erfüllt die Gleichung. b) $L = \{10\}$ c) $L = \emptyset$
2. a) 28a b) 82b c) $10a + 10$ d) $15b - 15$ e) $2x^2 - 3x$ f) $-3m - 2p$

5 Löse die Klammern auf und fasse zusammen!

a) $9f + (2g - 3f) =$ ____________________

b) $9f - (2g - 3f) =$ ____________________

c) $2a + 4b - (3a - 6b) =$ ____________________

d) $15m - (3n - 2m) - 10m =$ ____________________

6 Gegeben sind die Terme $A = 14x - 6y$ und $B = 3x + 9y$.
Berechne!

a) $A + B$

b) $A - B$

c) $B - A$

d) $-A - B$

7 Suche einen Term aus M_1 und einen Term aus M_2 so aus, dass ihre Summe einen Term aus M_3 ergibt! Gib mehrere Möglichkeiten an!

M_1: $8x$, $-7x$, $2x - 5$, $2x + 7$, $3x$

M_2: $4x$, $6 - 3x$, $2x + 5$, $-x$, $6x$

M_3: $7x$, $-3x$, 6, $8x + 7$, $4x$

_______ + _______ = _______ _______ + _______ = _______

_______ + _______ = _______ _______ + _______ = _______

_______ + _______ = _______ _______ + _______ = _______

Lösungen

7. $3x + 4x = 7x$; $8x - x = 7x$; $2x + 7 + 6x = 8x + 7$; $-7x + 4x = -3x$; $2x - 5 + 2x + 5 = 4x$; $3x + 6 - 3x = 6$

5. a) $6f + 2g$ b) $12f - 2g$ c) $-a + 10b$ d) $7m - 3n$

6. a) $17x + 3y$ b) $11x - 15y$ c) $-11x + 15y$ d) $-17x - 3y$

Multiplizieren von Zahlen und Variablen

1 Berechne!

a) $3 \cdot 3 \cdot 3 =$ ____ b) $a \cdot a \cdot a =$ ____ c) $a \cdot 2a \cdot 2a =$ ____

2 Vereinfache folgende Terme!

a) $7a \cdot 3 =$ ________ b) $2a \cdot 12d =$ ________

c) $50 \cdot 3b \cdot 2x =$ ________ d) $11k^2 \cdot 3k =$ ________

e) $de \cdot 27ep =$ ________ f) $2e \cdot 9k \cdot 2bk =$ ________

3 a) Multipliziere zeilen- und spaltenweise!

5	2r	
3s	7t	

b) Vervollständige die Tabelle!

6	48r	8r
15a	75ab	5b
12x		3y

4 Fasse zusammen!

a) $4s \cdot \frac{1}{2} fi \cdot 3t =$ ____________ b) $\frac{1}{2} y \cdot \frac{1}{3} b \cdot 6o =$ ____________

c) $(-2o) \cdot 5w \cdot (-7b) =$ ____________ d) $8/r \cdot (-\frac{1}{4} g) \cdot 3oy =$ ____________

5 Berechne!

a) $5r \cdot 5r =$ ____ b) $(7x)^2 =$ ____ c) $(-2m)^2 =$ ____

d) $(\frac{1}{2} a)^2 =$ ____ e) $(-\frac{4}{5} x)^2 =$ ____ f) $-(\frac{4}{5} x)^2 =$ ____

6 Ermittle x!

a) $8 \cdot x = 16a$ x = ________ b) $3k \cdot x = 24kr$ x = ________

c) $-3m \cdot x = 9m^2$ x = ________ d) $-9rs \cdot x = -27rs$ x = ________

e) $\frac{1}{5} a \cdot x = 5a$ x = ________ f) $m^2 \cdot x = 2m$ x = ________

7 Vereinfache!

a) $12n + 4n =$ ____ b) $12n - 4n =$ ____ c) $4n - 12n =$ ____

d) $12n \cdot 4n =$ ____ e) $12n : 4n =$ ____ f) $4n : 12n =$ ____

8 Vereinfache den folgenden Term!

$\frac{28c^2t}{7c} \cdot \frac{18ah^2}{9h} =$ ____________________ = ________

Lösungen

6. a) 2a b) 8r c) −3m d) 3 e) 25 f) $\frac{2}{m}$
2. a) 21a b) 24ad c) 300bx d) $33k^3$ e) $27de^2p$ f) $36bek^2$
5. a) $25r^2$ b) $49x^2$ c) $4m^2$ d) $\frac{1}{4}a^2$ e) $\frac{16}{25}x^2$ f) $-\frac{16}{25}x^2$
7. a) 16n b) 8n c) −8n d) $48n^2$ e) 3 f) $\frac{1}{3}$
4. a) 6fist b) boy c) 70bow d) −6g/ory
8. 8acht

3. a)

5	2r	10r
3s	7t	21st
15s	14rt	210rst

b)

6	48r	8r
15a	75ab	5b
12x	36xy	3y

1. a) 27 b) a^3 c) $4a^3$

1 Berechne!

a) $3 \cdot (6 + 7) =$ ______ b) $3 \cdot (6 - 7) =$ ______ c) $3 \cdot (a + 7) =$ ______ d) $3 \cdot (6 + b) =$ ______

$$a \cdot (b + c) = a \cdot b + a \cdot c$$
$$a \cdot (b - c) = a \cdot b - a \cdot c$$

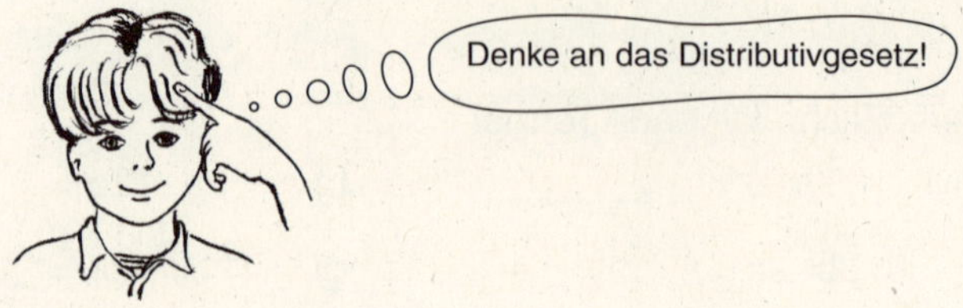

2 Multipliziere aus!

a) $3 \cdot (4a + 7b) =$ ______________ b) $9a \cdot (8a + 3b) =$ ______________

c) $6x(4x - 7y) =$ ______________ d) $18r(rs - 4{,}5rt) =$ ______________

3 Berechne!

a) $-2m(3m^2 - 8mp) =$ ______________ b) $\frac{1}{5}x^2(10x + 60) =$ ______________

c) $(3a + \frac{1}{2}b) \cdot (-4ab) =$ ______________ d) $(28ar - 8br) \cdot (-\frac{1}{2}r) =$ ______________

4 Löse die Klammern auf und vereinfache!

a) $11xy(x - 3x^2 + 5xy - 7y^2 + 1) =$ ______________________________

b) $4(11b - 12a) + 6(8a - 7b) =$ ______________________________

5 a) Beschrifte die einzelnen Felder!

a	b	e	
	bn		n
			d

b) Multipliziere aus! $(a + b + e)(n + d)$

____

____

6 Berechne!

a) $12a \cdot 7a + 3b =$ ______________ b) $12a(7a + 3b) =$ ______________

c) $(x - 5) \cdot (-2) =$ ______________ d) $x - 5 \cdot (-2) =$ ______________

7 Multipliziere aus! Rechne zuerst mit zwei Faktoren, multipliziere dann mit dem dritten Faktor!

$(a + 1) \cdot (a + 2) \cdot (a + 3) = ($ ______________ $) \cdot (a + 3)$

= ______________________________

= ______________________________

= ______________________________

8 Rechne! Vereinfache vorher!

$25 \cdot (17a + 18b + 3a - 17b) - 499a - 25b =$ ______________________________

= ______________________________

= ______________________________

Lösungen

2. a) $12a + 21b$ b) $72a^2 + 27ab$ c) $24x^2 - 42xy$ d) $18r^2s - 81r^2t$

5. a)

an	bn	en
ad	bd	ed

6. a) $84a^2 + 3b$ b) $84a^2 + 36ab$ c) $-2x + 10$ d) $x + 10$

3. a) $-6m^3 + 16m^2p$ b) $2x^3 + 12x^2$ c) $-12a^2b - 2ab^2$ d) $-14ar^2 + 4br^2$

1. a) 39 b) -3 c) $3a + 21$ d) $18 + 3b$

4. a) $11x^2y - 33x^3y + 55x^2y^2 - 77xy^3 + 11xy$ b) $2b$

5. b) $an + ad + bn + bd + en + ed$

7. $a^3 + 6a^2 + 11a + 6$

8. a

1 Sind folgende Gleichungen korrekt (ja/nein)?

a) $3 \cdot 8 + 3 \cdot 9 = 3 \cdot (8 + 9)$ ______ b) $3 \cdot 6 + 3 \cdot 5 = 3 \cdot 11$ ______

c) $3a + 3b = 3(a + b)$ ______ d) $3a + 3b = 3(ab)$ ______

Summe ⟷ Produkt

$3a + 5a - 6a = a \cdot (3 + 5 - 6) = 2a$

$9x + 9y = 9(x + y)$

$21ab - 14ac = 7a(3b - 2c)$

$3a + 3 = 3(a + 1)$

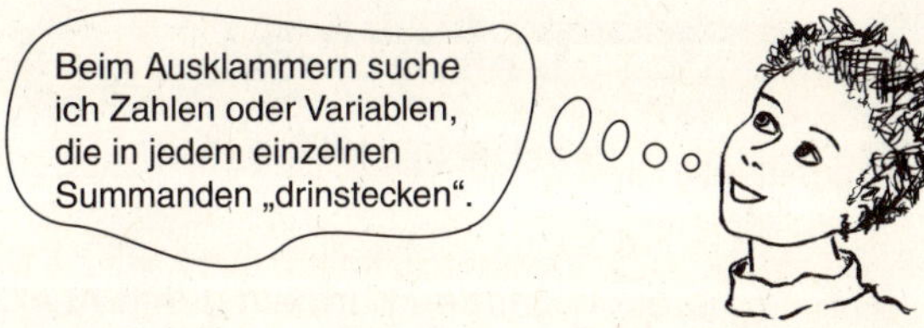

2 Klammere aus!

a) $5x - 5y =$ ____________ b) $12f + 16g =$ ____________

c) $9ab + 6ac =$ ____________ d) $25x^2 - 35x^3 =$ ____________

e) $8a^2 + 4a =$ ____________ f) $56a^2b + 77ab^2 =$ ____________

3 Verwandle folgende Summen in Produkte!

a) $12a + 21b =$ ____________ b) $72a^2 + 27ab =$ ____________

4 Bei einem Ausflug einer Klasse mit 27 Schülern und 3 Begleitern hatte jeder Teilnehmer einen Anteil von 4,50 € für Fahrgeld und 3,50 € für ein Mittagessen zu zahlen. Christoph sammelte das Geld ein und rechnete die Gesamtsumme wie folgt aus:

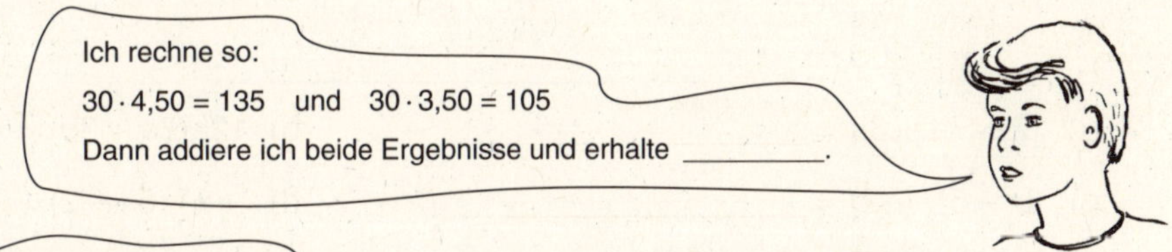

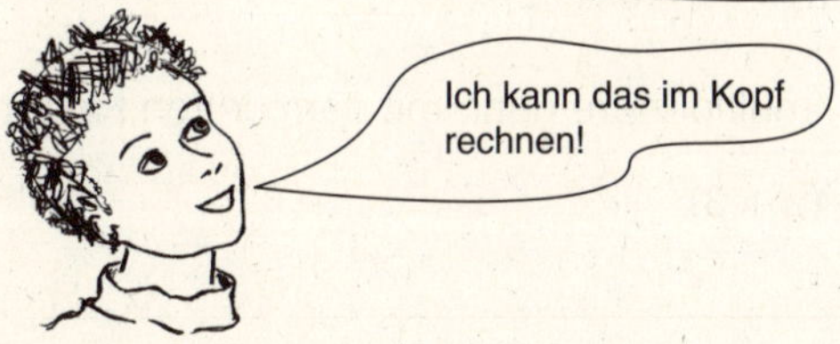

Wie kann Sophie das gemacht haben?

____

____

____

Lösungen

1. a) ja b) ja c) ja d) nein
2. a) $5(x - y)$ b) $4(3f + 4g)$ c) $3a(3b + 2c)$ d) $5x^2(5 - 7x)$ e) $4a(2a + 1)$ f) $7ab(8a + 11b)$
3. a) $3(4a + 7b)$ b) $9a(8a + 3b)$
4. $30 \cdot (4{,}50 + 3{,}50) = 30 \cdot 8 = 240$

5 Klammere aus!

a) $12ad + 30bd - 42cd + 66d^2 - 6de =$ ____________

b) $7a^2b + 8ab + 9ab^2 =$ ____________

c) $abcd + abc + bcd =$ ____________

d) $63x^2y + 27xy^2 + 81xy =$ ____________

e) $24a^2b + a^3b + 8a^2b^2 + 15a^3b =$ ____________

f) $24a^2b + 56ab^2 - 8ab =$ ____________

6 Vereinfache die folgenden Formeln durch Ausklammern!

a) Umfang des Rechtecks: $u = 2a + 2b$ $\quad u =$ ____________

b) Oberfläche des Quaders: $A_O = 2ab + 2ac + 2bc$ $\quad A_O =$ ____________

c) Oberfläche des Zylinders: $A_O = 2\pi r^2 + 2\pi rh$ $\quad A_O =$ ____________

7 Ergänze die fehlenden Terme!

a) $-5a - 3b - 1 = (-1) \cdot ($ ____________

b) $-2a - 5b =$ ______ $(2a$ ____________

c) $\frac{1}{2}r + \frac{3}{2}s = \frac{1}{2}($ ____________

d) $\frac{1}{7}x - \frac{2}{7}y + \frac{5}{7} =$ ____________

8 Vereinfache die Quotienten nach folgendem Beispiel: $\frac{9a+9b}{11a+11b} = \frac{9(a+b)}{11(a+b)} = \frac{9}{11}$

a) $\frac{8a+8b}{6a+6b} =$ ____________

b) $\frac{12r-16s}{15r-20s} =$ ____________

c) $\frac{55ab-44ac}{11a} =$ ____________

d) $\frac{14ab+28b^2}{a+2b} =$ ____________

e) $\frac{x^2+xy+xz}{y^2+xy+yz} =$ ____________

Lösungen

6. a) $u = 2(a + b)$ b) $A_O = 2(ab + ac + bc)$ c) $A_O = 2\pi r(r + h)$

7. a) $(-1)(5a + 3b + 1)$ b) $(-1)(2a + 5b)$ c) $\frac{1}{2}(r + 3s)$ d) $\frac{1}{7}(x - 2y + 5)$

5. a) $6d(2a + 5b - 7c + 11d - e)$ b) $ab(7a + 8 + 9b)$ c) $bc(ad + a + d)$
d) $9xy(7x + 3y + 9)$ e) $8a^2b(2a + b + 3)$ f) $8ab(3a + 7b - 1)$

8. a) $\frac{4}{3}$ b) $\frac{4}{5}$ c) $5b - 4c$ d) $14b$ e) $\frac{x}{y}$

1 Multipliziere aus!

a) $a \cdot (c + d) =$ ____________ b) $(a + b) \cdot c =$ ____________

c) $(a + 1) \cdot (c + d) =$ ____________ d) $(a + b) \cdot (c + 1) =$ ____________

> Man multipliziert zwei Summen miteinander, indem man jeden Summanden der einen Summe mit jedem Summanden der anderen Summe multipliziert.
>
> $(a + b) \cdot (c + d) = ac + ad + bc + bd$ $(x + 7)(x - 3) = x^2 - 3x + 7x - 21 = x^2 + 4x - 21$

2 Verwandle in Summen!

a) $(a + b) \cdot (m + n) =$ ____________ b) $(g + 3) \cdot (h - 5) =$ ____________

c) $(x - 4) \cdot (y + 6) =$ ____________ d) $(4x + 3) \cdot (7y - 9) =$ ____________

e) $(2a + 5b) \cdot (c - 3d) =$ ____________ f) $(8r - s) \cdot (4r - t) =$ ____________

3 Multipliziere zunächst aus und fasse dann zusammen!

a) $(3m + 4) \cdot (5m + 6) =$ ____________

b) $(2y + 4) \cdot (3y - 6) =$ ____________

c) $(10x - 7y) \cdot (10x + 5y) =$ ____________

d) $(9a - 8b) \cdot (6a - 7b) =$ ____________

e) $(4 + 11y) \cdot (4 + 11y) =$ ____________

4 Michelle behauptet: Wenn man von einem Quadrat mit der Seite a die eine Seite um b verlängert und die andere Seite um b verkürzt, dann erhält man ein Rechteck, das den gleichen Umfang wie das Quadrat hat, jedoch in jedem Fall einen kleineren Flächeninhalt. Prüfe, ob Michelle Recht hat! Begründe deine Entscheidung!

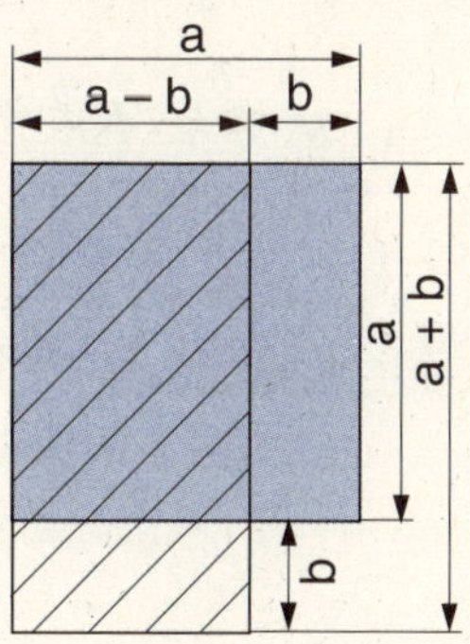

Umfang des Quadrats: $u_Q =$ ____________

Flächeninhalt des Quadrats: $A_Q =$ ____________

Seiten des Rechtecks: ____________

Umfang des Rechtecks: $u_R =$ ____________

Flächeninhalt des Rechtecks: $A_R =$ ____________

Vergleich: ____________

5 Berechne!

a) $(4{,}5a + 2b)(4a + 0{,}5b) =$ ____________

b) $(6x + \frac{1}{4}y)(\frac{1}{2}x + 8y) =$ ____________

Lösungen

3. a) $15m^2 + 38m + 24$ b) $6y^2 - 24$ c) $100x^2 - 20xy - 35y^2$ d) $54a^2 - 111ab + 56b^2$ e) $16 + 88y + 121y^2$
1. a) $ac + ad$ b) $ac + bc$ c) $ac + ad + c + d$ d) $ac + a + bc + b$
4. $u_Q = 4a$; $A_Q = a^2$; Seiten des Rechtecks: $a + b$ und $a - b$; $u_R = 4a$; $A_R = a^2 - b^2$
   $u_Q = u_R$; $A_Q > A_R$, denn $a^2 > a^2 - b^2$ 5. a) $18a^2 + 10{,}25ab + b^2$ b) $3x^2 + 48\frac{1}{8}xy + 2y^2$
2. a) $am + an + bm + bn$ b) $gh - 5g + 3h - 15$ c) $xy + 6x - 4y - 24$
   d) $28xy - 36x + 21y - 27$ e) $2ac - 6ad + 5bc - 15bd$ f) $32r^2 - 8rt - 4rs + st$

1 Schreibe ohne Klammern! Vereinfache!

$(x + y)^2 = x^2 + 2xy + y^2$
$(x - y)^2 = x^2 - 2xy + y^2$
$(x + y)(x - y) = x^2 - y^2$

a) $(a + b)^2 =$ ____________________
$=$ ____________________

b) $(a - b)^2 =$ ____________________
$=$ ____________________

c) $(a + b)(a - b) =$ ____________________
$=$ ____________________

2 Multipliziere! Schreibe als Summe!

a) $(a + 4)(a - 4) =$ ______________ b) $(3x - 5y)(3x + 5y) =$ ______________

c) $(30 + 1)(30 - 1) =$ ______________ d) $(\triangle - \square)(\triangle + \square) =$ ______________

e) $(9r + r)(9r - r) =$ ______________ f) $(-4a + 5b)(4a + 5b) =$ ______________

g) $(b + 3)(b - 3) =$ ______________ h) $(2a - 3b)(2a + 3b) =$ ______________

i) $(50 + 1)(50 - 1) =$ ______________ k) $(\triangle - \square)^2 =$ ______________

l) $(\triangle + \square)^2 =$ ______________ m) $(-3a + b)(3a + b) =$ ______________

3 Berechne! Löse die Klammern auf!

a) $(4x + 3)^2 =$ ______________ b) $(9y - 2)^2 =$ ______________

c) $(7b + 3z)^2 =$ ______________ d) $(8r - 5s)^2 =$ ______________

e) $(7x - 7y)^2 =$ ______________ f) $(40 + 1)^2 =$ ______________

g) $(8x + 6)^2 =$ ______________ h) $(12y - 3)^2 =$ ______________

i) $(b + 13c)^2 =$ ______________ k) $(4r - 10s)^2 =$ ______________

l) $(7a + 7b)^2 =$ ______________ m) $(\frac{1}{2}a + 2b)^2 =$ ______________

4 Berechne!

a) $(BE + IN)^2 =$ ______________________________
____

b) $91 \cdot 89 = (90 + 1)($ ________ $)$
$=$ ______________________________
$=$ ______________________________

Lösungen

3. a) $16x^2 + 24x + 9$ b) $81y^2 - 36y + 4$ c) $49b^2 + 42bz + 9z^2$ d) $64r^2 - 80rs + 25s^2$ e) $49x^2 - 98xy + 49y^2$
f) 1681 g) $64x^2 + 96x + 36$ h) $144y^2 - 72y + 9$ i) $b^2 + 26bc + 169c^2$ k) $16r^2 - 80rs + 100s^2$
l) $49(a^2 + 2ab + b^2) = 49a^2 + 98ab + 49b^2$ m) $\frac{1}{4}a^2 + 2ab + 4b^2$

1. a) $a^2 + 2ab + b^2$ b) $a^2 - 2ab + b^2$ c) $a^2 - b^2$ 4. a) $(BE)^2 + 2\,BEIN + (IN)^2$ b) 8099

2. a) $a^2 - 16$ b) $9x^2 - 25y^2$ c) 899 d) $\triangle^2 - \square^2$ e) $80r^2$ f) $25b^2 - 16a^2$ g) $b^2 - 9$
h) $4a^2 - 9b^2$ i) 2499 k) $\triangle^2 - 2\triangle\square + \square^2$ l) $\triangle^2 + 2\triangle\square + \square^2$ m) $b^2 - 9a^2$

5 Berechne $2\frac{1}{4} \cdot 2\frac{1}{4}$

a) mithilfe einer binomischen Formel! ____________________

b) durch Umwandeln in unechte Brüche! ____________________

6 Berechne!

a) $(xy + yz)^2$ = ____________ b) $(3x - 4xy)^2$ = ____________

c) $(a^2 + a)^2$ = ____________ d) $(3ah - 4ct)^2$= ____________

7 Rechne im Kopf! Nutze dabei die binomischen Formeln!

a) $29 \cdot 31 = (30 - 1)(30 + 1) = 900 - 1$
$= 899$

b) $62 \cdot 58$ = ____________
= ____________

c) 21^2 = ____________
= ____________

d) $33 \cdot 27$ = ____________
= ____________

e) $101 \cdot 99$ = ____________
= ____________

f) $81 \cdot 79$ = ____________
= ____________

g) $28 \cdot 32$ = ____________
= ____________

h) $65 \cdot 55$ = ____________
= ____________

8 Berechne!

a) $(2x + 9y)^2$ = ____________ b) $(2x + 9y)(2x - 9y)$ = ____________

c) $(2x - 9y)^2$ = ____________ d) $(2x + 9y)(2x + 9y)$ = ____________

9 Berechne den Flächeninhalt A und den Umfang u des nebenstehenden Quadrats!

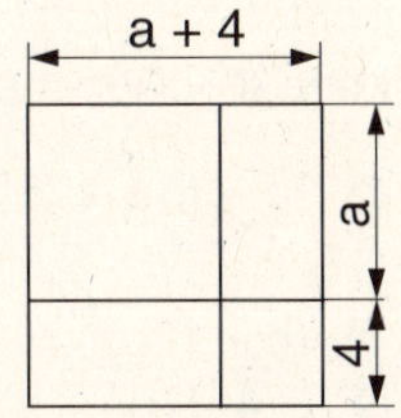

A = ____________

u = ____________

10 Ergänze!

a) $16a^2 - 25 = (4a + \_\_\_)(4a\_\_\_\_)$ b) $49x^2 - 1 = (\_\_\_\_)(\_\_\_\_)$

c) $4m^2 + 12mn + 9n^2 = (\_\_\_\_)^2$ d) $(400x^2 - 40x + 1) = (\_\_\_\_)^2$

11 Zeige, dass für alle natürlichen Zahlen a und b gilt:

$(a + b)^2 \geq a^2 + b^2$ ____________________

____

____

Lösungen

9. $A = a^2 + 8a + 16$; $u = 4a + 16$
11. $a^2 + b^2 = a^2 + b^2$; $a^2 + 2ab + b^2 \geq a^2 + b^2$; $(a + b)^2 \geq a^2 + b^2$
7. b) 3596 c) 441 d) 891 e) 9999 f) 6399 g) 896 h) 3575
8. a) $4x^2 + 36xy + 81y^2$ b) $4x^2 - 81y^2$ c) $4x^2 - 36xy + 81y^2$ d) $4x^2 + 36xy + 81y^2$
10. a) $(4a + 5)(4a - 5)$ b) $(7x + 1)(7x - 1)$ c) $(2m + 3n)^2$ d) $(20x - 1)^2$
6. a) $x^2y^2 + 2xy^2z + y^2z^2$ b) $9x^2 - 24x^2y + 16x^2y^2$ c) $a^4 + 2a^3 + a^2$ d) $9a^2h^2 - 24acht + 16c^2t^2$
5. a) $5\frac{1}{16}$ b) $5\frac{1}{16}$

1 Sortiere die Figuren in Gruppen! Begründe!

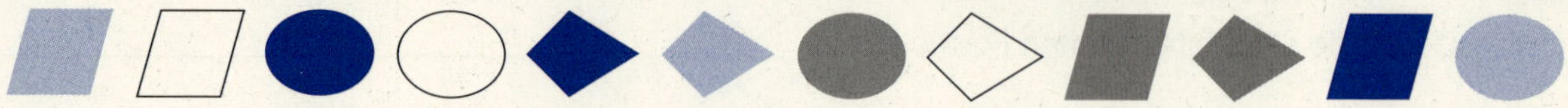

____

____

____

____

2 Schreibe die folgenden Zahlen auf möglichst viele Arten als Produkt zweier (natürlicher) Zahlen!

a) $18 = 1 \cdot 18 = 2 \cdot 9 = 3 \cdot 6 = 6 \cdot 3 = 9 \cdot 2 = 18 \cdot 1 = 2 \cdot 3 \cdot 3$

b) 64 = ______________________________

c) 48 = ______________________________

____

d) 120 = ______________________________

____

3 Vereinfache!

a) $3x \cdot (-7) =$ ________ b) $-24x : (-8) =$ ________ c) $13x + 11x =$ ________

d) $29x - 50x =$ ________ e) $9x^2 : 3x =$ ________ f) $x \cdot 8 \cdot 3 =$ ________

4 Löse die Klammern auf und fasse zusammen!

a) $9a + (3a - 7b) =$ ________________ b) $12b - (9b + 3a) =$ ________________

________________ ________________

c) $4 \cdot (10a - b) =$ ________________ d) $(8a \cdot 2b) \cdot 3 =$ ________________

5 Berechne die Terme für $x = 7$ und $y = 4$!

a) $x^2 - y^2 =$ ________________ b) $(x - y)^2 =$ ________________

c) $y^2 - x^2 =$ ________________ d) $(y - x)^2 =$ ________________

6 Zerlege Zähler und Nenner durch Ausklammern und kürze dann!

a) $\frac{60x + 10}{30x + 5} =$ ________________ b) $\frac{16x + 24}{18x + 27} =$ ________________

= ________________ = ________________

Lösungen

2. b) $1 \cdot 64 = 2 \cdot 32 = 4 \cdot 16 = 8 \cdot 8 = 4 \cdot 4 \cdot 2 \cdot 2 = 2 \cdot 2 \cdot 2 \cdot 2 \cdot 2 \cdot 2$ c) $1 \cdot 48 = 2 \cdot 24 = 4 \cdot 12 = 8 \cdot 6 = 2 \cdot 2 \cdot 12 = 2 \cdot 2 \cdot 2 \cdot 2 \cdot 3$
d) $1 \cdot 120 = 2 \cdot 60 = 4 \cdot 30 = 8 \cdot 15 = 8 \cdot 3 \cdot 5 = 2 \cdot 2 \cdot 2 \cdot 3 \cdot 5$

4. a) $12a - 7b$ b) $3b - 3a$ c) $40a - 4b$ d) $48ab$

5. a) 33 b) 9 c) −33 d) 9

6. a) 2 b) $\frac{8}{9}$

1. Variante A: nach Farben a; f; l, b; d; h, c; e; k, g; i; j
Variante C: 4-Eck a; b; e; f; h; i; j; k, kein 4-Eck c; d; g; l
Variante B: nach ebener Figur Parallelogramm: a, b, i, k Ellipse: c, d, g, l Drachenviereck: e, f, h, j

3. a) $-21x$ b) $3x$ c) $24x$ d) $-21x$ e) $3x$ f) $24x$

7 Multipliziere aus! Rechne zuerst mit zwei Faktoren, multipliziere dann mit dem dritten Faktor!

$(n - 1)(n - 2)(n - 3) =$ ______________________________

____

8 Berechne!

a) $(a + 9) \cdot (a + 6) =$ ______________________________

b) $a + 9 \cdot a + 6 =$ ______________________________

c) $a + 9 \cdot (a + 6) =$ ______________________________

d) $(a + 9) \cdot a + 6 =$ ______________________________

9 Berechne den Wert des Terms $t = \frac{18a - 63}{20a - 70}$ für

a) $a = 3$ $t =$ ______________________________

b) $a = 11$ $t =$ ______________________________

c) $a = 69$ $t =$ ______________________________

d) $a = 3{,}5$ $t =$ ______________________________

Ergebnisse: ______________________________

10 Die Summe aus einer Zahl n, ihrem Vorgänger und ihrem Nachfolger ist stets durch drei teilbar.

a) Bestätige das für $n = 11$!

____

____

b) Wähle selbst eine natürliche Zahl und zeige, dass der Satz auch für diese Zahl gilt!

____

____

c) Beweise den Satz mithilfe von Variablen!

____

____

____

____

Lösungen

8. a) $a^2 + 15a + 54$ b) $10a + 6$ c) $10a + 54$ d) $a^2 + 9a + 6$

10. a) $10 + 11 + 12 = 33$; $3|33$ b) $6 + 7 + 8 = 21$; $3|21$ c) $(n - 1) + n + (n + 1) = 3n$; $3|3n$

7. $n^3 - 6n^2 + 11n - 6$

9. a); b); c) $\frac{9}{10}$ 9 d) Für $a = 3{,}5$ ist der Term nicht definiert.

1 Drücke mithilfe von Zeichen aus!

a) x ist kleiner als 4: ______ b) x ist nicht 5: ______

c) x ist größer oder gleich 3: ______ d) x ist mindestens 7: ______

Zeichen und ihre Bedeutung

$=$ gleich; $<$ kleiner als; $>$ größer als; $\neq$ ungleich

$\leq$ kleiner als oder gleich; höchstens

$\geq$ größer als oder gleich; mindestens

2 Nenne alle natürlichen Zahlen, für die Folgendes gilt:

a) $a < 3$ ______ b) $b \leq 4$ ______

c) $5 > c$ ______ d) $2 < d < 6$ ______

3 Für eine natürliche Zahl n gelte: $2 \leq n < 7$

a) Drücke diese Bedingung in Worten aus!

______

b) Gib alle Zahlen an, die diese Bedingung erfüllen!

______

4 Schreibe in der Form von Gleichungen oder Ungleichungen alle dir bekannten Zusammenhänge zwischen den Seiten und Winkeln, dem Umfang und dem Flächeninhalt von Dreiecken auf!

______

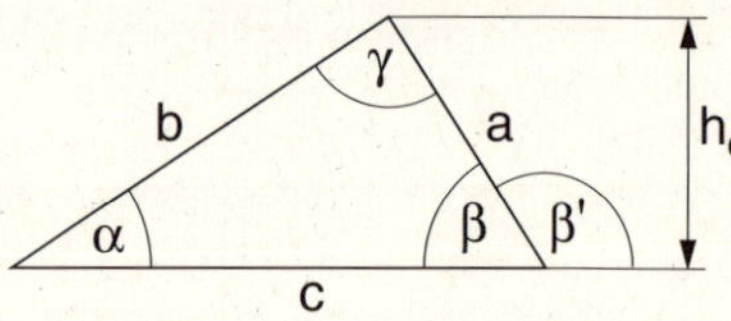

5 In einigen Fällen gelten für Variable bestimmte Einschränkungen. (Beispiel: Für $\frac{m}{x}$ gilt $x \neq 0$). Gib an, welche Einschränkungen in den folgenden Termen gelten müssen!

a) $\frac{17}{2y}$; y ______ b) $\frac{9}{x-3}$; ______ c) $\sqrt{4z}$; ______

6 Setze das richtige Zeichen ein (= oder < oder >)!

a) 1,296 ◯ 1,3 b) −6 ◯ −9 c) $\frac{7}{8}$ ◯ $\frac{11}{8}$ d) 2,25 ◯ $2\frac{1}{4}$ e) $\frac{12}{16}$ ◯ $\frac{3}{4}$

7 Über eine Zahl x wird Folgendes ausgesagt:

(1) $x \in \mathbb{N}$; (2) $x \geq 36$; (3) $3 \mid x$; (4) $x \neq 39$; (5) $x < 42$

Ermittle diese Zahl! ______

Lösungen

3. a) n ist mindestens 2 und kleiner als 7 b) 2; 3; 4; 5; 6
5. a) $y \neq 0$ b) $x \neq 3$ c) $z \geq 0$
6. a) (<) b) (>) c) (<) d) (=) e) (=)
7. x = 36
1. a) $x < 4$ b) $x \neq 5$ c) $x \geq 3$ d) $x \geq 7$
2. a) 0; 1; 2 b) 0; 1; 2; 3; 4 c) 0; 1; 2; 3; 4 d) 3; 4; 5
4. $\alpha + \beta + \gamma = 180°$; $u = a + b + c$; $\beta' = \alpha + \gamma$; $A = \frac{c \cdot h_c}{2}$; $b < a + c$; $c < a + b$; $a < b + c$; wenn $a > b$, dann $\alpha > \beta$

1 Die Abbildung zeigt eine Waage im Gleichgewicht. Auf den Waagschalen stehen einige (gleich schwere) Kartons und einige Wägestücke zu je 100 g.
Die folgenden Abbildungen zeigen diese Waage, nachdem auf der linken Seite etwas verändert wurde. Ergänze die rechte Seite so, dass die Waage wieder im Gleichgewicht ist!

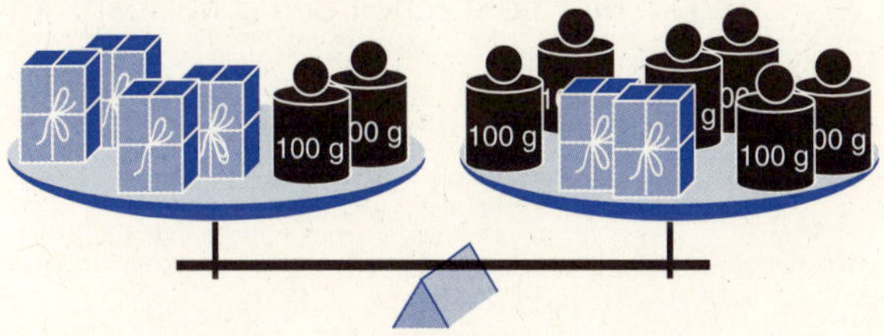

a)

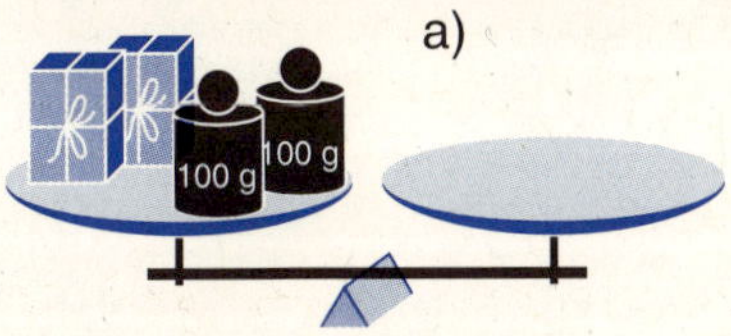

b)

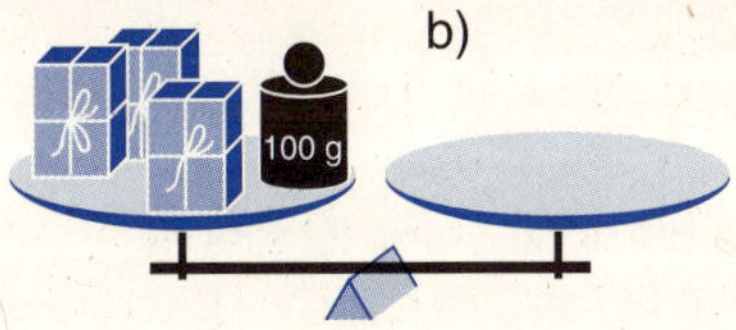

c)

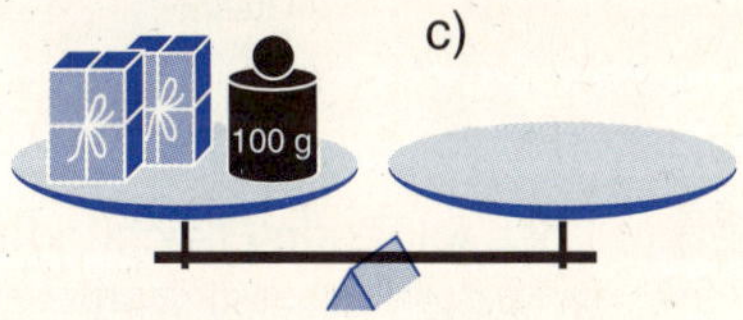

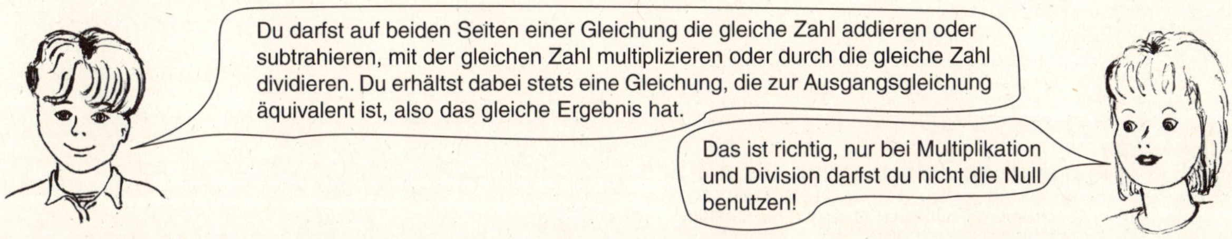

2 Löse folgende Gleichungen mithilfe der Umformungsregeln! Überprüfe deine Ergebnisse!

a) $9x + 6 = 2x + 20 \quad | -2x - 6$

Pr.

b) $x + 48 = 6x - 2$

Pr.

c) $9x + 16 = 3x + 10$

Pr.

d) $2x - 4 = 10x - 14$

Pr.

3 Ermittle x! Stelle dazu Gleichungen auf und löse sie!

a) Dreieck

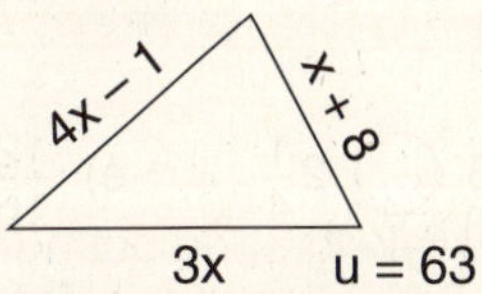

Die Seitenlängen des Dreiecks sind

b) Parallelogramm

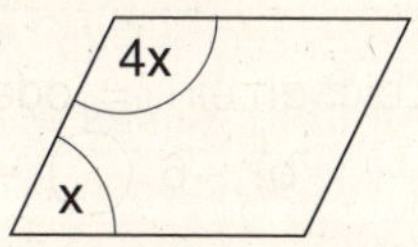

Die Winkel des Parallelogramms betragen

Lösungen

1. a) 6 Wägestücke zu 100 g b) 1 Karton, 5 Wägestücke (oder 2 Kartons, 3 Wägestücke oder 7 Wägestücke) c) 5 Wägestücke
2. a) $x = 2$ $(24 = 24)$ b) $x = 10$ $(58 = 58)$ c) $x = -1$ $(7 = 7)$ d) $x = \frac{5}{4}$ $(-1{,}5 = -1{,}5)$
3. a) $x = 7$ b) $x = 36°$
Seitenlängen: 15, 21 und 27 Winkel im Parallelogramm: 36°, 36°, 144°, 144°

4 Trage hinter dem Strich den jeweiligen Umformungsschritt ein, der beim Lösen der Gleichung benutzt wurde!

a)
$24 - x = 16 + 3x \quad |$ ______
$24 = 16 + 4x \quad |$ ______
$8 = 4x \quad |$ ______
$2 = x$

b)
$\frac{x}{2} + 1 = 2x - 5 \quad |$ ______
$1 = 1\frac{1}{2}x - 5 \quad |$ ______
$6 = 1\frac{1}{2}x \quad |$ ______
$12 = 3x \quad |$ ______
$4 = x$

5 Löse folgende Gleichungen! Überprüfe deine Ergebnisse!

a) $8x - 11 = -2x + 39$

______
______
______

Pr. ______
______

b) $2x + 26 = 8x - 10$

______
______
______

Pr. ______
______

c) $24 - 3x = -4 + x$

______
______
______

Pr. ______
______

d) $23x + 1 = 19x + 33$

______
______
______

Pr. ______
______

e) $5x + 28 = 64 + x$

______
______
______

Pr. ______
______

f) $7x + 12 + x = 92 - 2x$

______
______
______

Pr. ______
______

6 Ermittle die Größe der Innenwinkel des Dreiecks!

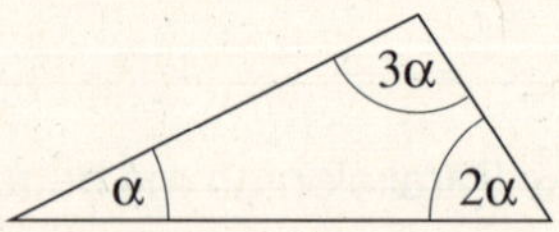

______
______
______

Die Winkelgrößen betragen
______
______

Lösungen

5. a) $x = 5$ $(29 = 29)$ b) $x = 6$ $(38 = 38)$ c) $x = 7$ $(3 = 3)$ d) $x = 8$ $(185 = 185)$ e) $x = 9$ $(73 = 73)$ f) $x = 8$ $(76 = 76)$
4. a) $+x$; -16; $:4$ b) $-\frac{x}{2}$; $+5$; $\cdot 2$; $:3$
6. $\alpha = 30°$; $\beta = 60°$; $\gamma = 90°$

7 Gegeben ist die Gleichung $2x + 3y - 9 = 0$.

a) Setze $x = 0$ und berechne y!

b) Setze $y = 0$ und berechne x!

8 Löse die folgenden Gleichungen! Führe jeweils eine Probe durch!

a) $2x + (5 + 7x) = 6 - (3x - 19)$

b) $6(x + 2) = 3(5 - x)$

9 Berechne x! Überprüfe deine Ergebnisse!

a) $9x + 5 + 7x = 76 + x - 26$

b) $29 - x + 13\frac{1}{7} = 7x - 52 - 8x$

10 Versuche anhand der Umformungsschritte die Ausgangsgleichung wiederherzustellen!

a)

____ x − ____	=	____ x + ____	|−4x
________	=	________	|+22
________	=	________	|:11
x	= 8		

b)

____ x + ____	=	____ x − ____	|−5x
________	=	________	|−13
________	=	________	|:2
x	= −13		

11 Gegeben ist die Gleichung $15x + 9 = 12x +$ ☐

Setze in das Kästchen eine Zahl so ein, dass die Gleichung die Lösung $x = 11$ hat!

Die Zahl heißt _____. Die Gleichung lautet ____________________ .

Lösungen

9. a) $x = 3$ $(53 = 53)$ b) $L = \{\ \} = \varnothing$
10. a) $15x - 22 = 4x + 66$ b) $7x + 13 = 5x - 13$
11. $15x + 9 = 12x + \boxed{42}$

7. a) $y = 3$ b) $x = 4{,}5$
8. a) $x = \frac{5}{3}$ b) $x = \frac{1}{3}$

1 Welche Wägestücke legst du auf die Waage, damit sie im Gleichgewicht ist?

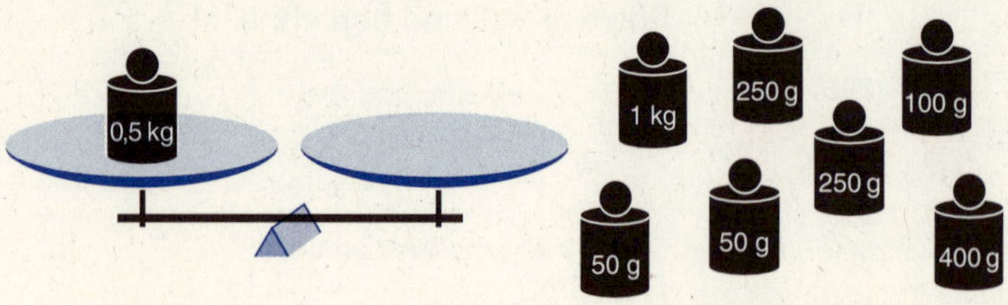

Möglichkeit 1: ______

Möglichkeit 2: ______

Möglichkeit 3: ______

2 Stelle die folgenden Formeln nach der angegebenen Größe um!

a) $W = \frac{G \cdot p}{100}$ (nach p)   b) $W = \frac{G \cdot p}{100}$ (nach G)

c) $\frac{a}{b} = \frac{c}{d}$ (nach a)   d) $\frac{a}{b} = \frac{c}{d}$ (nach d)

e) $m = \frac{a + b + c}{3}$ (nach c)   f) $a - (b - c) = 0$ (nach b)

3 Das arithmetische Mittel der vier Zahlen 47; 52; 53 und x betrage 50.
Wie groß ist x?

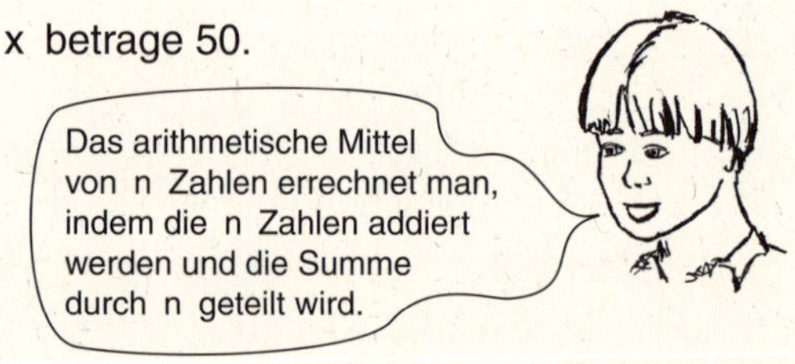

4 Der Flächeninhalt eines Trapezes wird nach der Formel $A = \frac{a + c}{2} \cdot h$ berechnet. Ermittle die genannten Größen!

a) gegeben: a = 16 cm
c = 11 cm
$A = 54\ cm^2$
gesucht: h

b) gegeben: a = 29 cm
h = 6 cm
$A = 132\ cm^2$
gesucht: c

5 ! Für bestimmte Berechnungen benutzt man die Formel $s = \frac{a + b + c}{2}$.
Diese Formel sollte nach c umgestellt werden. Dabei gab es folgende Ergebnisse:

(1) $c = s - \frac{a + b}{2}$;   (2) $c = 2s - a + b$;   (3) $c = 2s - a - b$;   (4) $c = \frac{2s}{a + b}$

Entscheide, welches Ergebnis richtig ist!

Lösungen

2. a) $p = \frac{100W}{G}$ b) $G = \frac{100W}{p}$ c) $a = \frac{bc}{d}$ d) $d = \frac{bc}{a}$ e) $c = 3m - a - b$ f) $b = a + c$
5. (3) $c = 2s - a - b$ ist richtig 3. $x = 48$
1. 250 g + 250 g; 100 g + 400 g; 50 g + 50 g + 400 g
4. a) h = 4 cm b) c = 15 cm

1 Setze das richtige Zeichen (<, >, =), wenn x eine natürliche Zahl größer 0 sein soll!

a) $x + 3 \bigcirc 2x + 3$ b) $x + 2x + 3x \bigcirc 5x - x$

$-16 < -4 \quad \vert \cdot (-1)$	$-3x > 15 \quad \vert : (-3)$
$16 > 4$	$x < -5$

2 Führe die angegebenen Umformungen durch!

a) $-2x < -10 \quad \vert : (-2)$ b) $-2x + 8 < 9 \quad \vert -8$ c) $4x \geq 40 \quad \vert : 4$

______ ______ ______

d) $-x > 3 \quad \vert \cdot (-1)$ e) $7x < -14 \quad \vert : 7$ f) $-\frac{x}{2} > -6 \quad \vert \cdot (-2)$

______ ______ ______

3 Löse die Ungleichungen auf zwei Wegen entsprechend der Vorgabe!

a) $2x - 10 < 8x + 20 \quad \vert -2x$

______ $\vert -20$

______ $\vert : 6$

______

b) $2x - 10 < 8x + 20 \quad \vert -8x$

______ $\vert +10$

______ $\vert : (-6)$

______

4 Löse die Ungleichungen mithilfe der Umformungsregeln!

a) $8x < 32$ b) $-5x > -55$ c) $x - 3 < 8x + 18$ d) $-7x - 5 > -2x - 35$

______ ______ ______ ______

______ ______ ______ ______

5 Gib alle natürlichen Zahlen an, die folgende Ungleichungen erfüllen!

a) $9x - 11 < 7x$ b) $6x + 5 \geq 9x - 10$

______ ______

______ ______

______ ______

6 ! Gegeben sind die Zahlen $3;\ -4;\ -3{,}9;\ 0;\ -\frac{1}{2};\ \frac{2}{9};\ -5{,}1;\ 4\frac{1}{3}$.
Gib diejenigen dieser Zahlen an, die zur Lösungsmenge der Ungleichung $7x - 3x + 5x < 28$ gehören, wenn der Grundbereich

a) die Menge $\mathbb{N}$ der natürlichen Zahlen, ______

b) die Menge $\mathbb{Q}_+$ der gebrochenen Zahlen, ______

c) die Menge $\mathbb{Z}$ der ganzen Zahlen ist! ______

Lösungen

5. a) $L = \{0; 1; 2; 3; 4; 5\}$ b) $L = \{0; 1; 2; 3; 4; 5\}$ 1. a) (<) b) (>)
4. a) $x < 4$ b) $x < 11$ c) $x > -3$ d) $x < 6$
2. a) $x > 5$ b) $-2x < 1$ c) $x \geq 10$ d) $x < -3$ e) $x < -2$ f) $x < 12$
6. a) $0; 3$ b) $0;\ \frac{2}{9};\ 3$ c) $-4;\ 0;\ 3$
3. a) $-5 < x$ b) $x > -5$

1 Berechne!

a) $24 + 76 \cdot (10 - 9) =$ ____________

b) $(5^2 + 5^3) : 5 - 20 =$ ____________

c) $30 - (25 + 3) =$ ____________

d) $(16 - 19) \cdot 3 + 10 =$ ____________

So löst man Klammern auf:

$a + (b + c) = a + b + c$; $a - (b + c) = a - b - c$; $a \cdot (b + c) = a \cdot b + a \cdot c$

$a + (b - c) = a + b - c$; $a - (b - c) = a - b + c$; $a \cdot (b - c) = a \cdot b - a \cdot c$

2 Löse die Klammern auf und fasse zusammen!

a) $8x + (20 + 4x) =$ ____________

b) $30x - (15 - 5x) =$ ____________

c) $4 \cdot (3x + 5) =$ ____________

d) $5(7x - 3) =$ ____________

3 Löse die folgenden Gleichungen!

a) $90 = 15 \cdot (4x - 2)$

b) $2(12x - 7) = 5 + (31 - x)$

c) $9x - (3 - x) = 14 + (2x - 16)$

d) $5(2x + 1) = 5 + (2x + 1)$

4 Löse die folgende Gleichung!

$10 \cdot (2x - 8) = 2x - 8$

Katharina geht wie folgt vor!

$10 \cdot (2x - 8) = 2x - 8 \quad | : (2x - 8)$

$10 = 1$

$L = \emptyset$

Wo liegt der Fehler?

____

Lösungen

3. a) $x = 2$ b) $x = 2$ c) $x = \frac{1}{8}$ d) $x = \frac{1}{8}$
1. a) 100 b) 10 c) 2 d) 1
4. $9 \cdot (2x - 8) = 0 \Rightarrow 2x - 8 = 0 \Rightarrow x = 4$ Da $x \neq 4$ sein muss, hätte Katharina nicht durch $2x - 8$ dividieren dürfen.
2. a) $12x + 20$ b) $35x - 15$ c) $12x + 20$ d) $35x - 15$

5 Löse die Gleichungen! Führe jeweils die Probe durch!

a) $(x + 13) \cdot 2 = x - (4 + 2x)$

b) $8x - 5(x - 6) = 30$

c) $8x - (5x - 6) = 30$

d) $8x - 5x - 6 = 30$

6 Löse die folgende Aufgabe (möglichst einfach)! Führe die Probe durch!

$6 \cdot (3x - 9) = 12(3 - x)$

Probe: ______

7 Die Abbildung (nicht maßstäblich) zeigt ein Dreieck. Sein Umfang beträgt 33 cm. Um was für ein spezielles Dreieck handelt es sich?

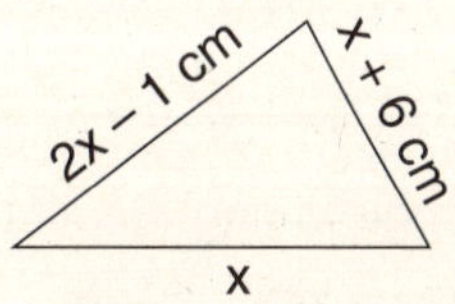

8 Theresia addiert den Vorgänger und den Nachfolger einer natürlichen Zahl.

a) Wähle drei beliebige natürliche Zahlen und führe diese Rechnung durch!

b) Was stellst du dabei fest? ______

c) Zeige, dass das für alle natürlichen Zahlen zutrifft!

Lösungen

6. $x = 3$ Probe: $6 \cdot 0 = 12 \cdot 0$
5. a) $x = -10$ b) $x = 0$ c) $x = 8$ d) $x = 12$
8. c) $(n + 1) + (n - 1) = 2n$
7. Dreiecksseiten: 7 cm, 13 cm, 13 cm; Dreieck ist gleichschenklig.

1 Löse folgende Gleichungen!

a) $\frac{x}{8} = 4$ __________ b) $\frac{2}{3}x = 10$ __________

c) $\frac{x}{7} - 2 = 3$ __________ d) $\frac{3x}{4} = 24$ __________

e) $\frac{1}{3}x + 10 = x$ __________ f) $17 - \frac{x}{5} = 10$ __________

2 Löse die Gleichungen! Beginne mit dem angegebenen Umformungsschritt!

a) $\frac{x}{2} + \frac{x}{7} = 36 \quad | \cdot 14$

b) $\frac{2x}{3} + \frac{3x}{2} - \frac{5x}{6} = 88 \quad | \cdot 6$

3 Löse folgende Gleichung! Überprüfe dein Ergebnis!

$\frac{x}{2} + \frac{x}{4} + \frac{x}{8} + 5 = x \quad |$

Probe:

4 Löse die Verhältnisgleichungen! (Hinweis: Beachte $\frac{a}{b} = \frac{c}{d} \Rightarrow ad = bc$!)

a) $\frac{x}{6} = \frac{6}{36}$ __________ b) $\frac{15}{x} = \frac{27}{36}$ __________

c) $\frac{6}{10} = \frac{x}{25}$ __________ d) $\frac{x}{14} = \frac{90}{60}$ __________

5 Löse die folgende Bruchgleichung! Beachte die Hinweise zur Umformung!

$\frac{18}{3x+3} = \frac{24}{5x-3} \quad | \cdot (5x-3) \cdot (3x+3)$

Probe:

6 Löse die folgende Verhältnisgleichung! Überprüfe dein Ergebnis!

$(x - 10) : (x + 40) = (x - 14) : (x + 31)$ | Produktgleichung bilden

Probe:

$(x - 10) \cdot (x + 31) =$ __________ | Ausmultiplizieren

| $-x^2$

Lösungen

2. a) x = 56 b) x = 66 3. x = 40
6. x = 50 5. x = 7
1. a) x = 32 b) x = 15 c) x = 35 d) x = 32 e) x = 15 f) x = 35
4. a) x = 1 b) x = 20 c) x = 15 d) x = 21

1 Löse die Gleichung $2x + 1 = x + 3$ im „Stoffgebietsbildchen"!

2 a) Ein Rechteck hat die Seitenlänge $a = 7{,}5$ cm und $b = 8{,}0$ cm. Berechne den Flächeninhalt A!

b) Ein Rechteck hat den Flächeninhalt $A = 60\ \text{cm}^2$. Eine Seite ist $a = 2{,}5$ cm lang. Berechne die Länge der anderen Seite!

3 Ein Paket Mineralwasser wiegt 1100 g. Die Flüssigkeit allein ist um 900 g schwerer als die Verpackung. Wie groß ist die Flüssigkeitsmenge? (1 Liter ≘ 1 Kilogramm)

4 Zwei Kannen (eine große und eine kleine) fassen zusammen zwei Liter. Die große fasst dreimal so viel, wie die kleine. Welches Fassungsvermögen hat jede von ihnen?

5 Ein Dreher braucht zur Herstellung eines bestimmten Werkstücks 30 min. Mithilfe einer Vorrichtung könnte er die Fertigungszeit je Stück auf 20 min verringern. Der Bau der Vorrichtung würde allerdings vier Stunden in Anspruch nehmen.

a) Vergleiche die Fertigungszeiten für 20 Werkstücke ohne und mit Vorrichtung!

b) Von welcher Stückzahl an würde die Arbeitszeit mit Vorrichtung kürzer sein als ohne Vorrichtung?

Lösungen

5. a) $t_1 = 600$ min; $t_2 = 640$ min; $t_1 < t_2$ b) Für mehr als 24 Stück ist die Vorrichtung zeitsparend.
3. 1 Liter 1. $x = 2$ 4. kleine Kanne $\frac{1}{2}$ l; große Kanne $1\frac{1}{2}$ l
2. a) $A = 60{,}0\ \text{cm}^2$ b) $b = 24$ cm

6 Vater, Mutter und ihre beiden Töchter Theresia und Katharina sind zusammen 119 Jahre alt. Thresi ist vier Jahre älter als Kathi. Mutter ist drei Jahre jünger als Vater und dreimal so alt wie Kathi. Wie alt sind die einzelnen Familienmitglieder?

7 Es gibt einen Würfel, bei dem die Maßzahl des Oberflächeninhaltes und die Maßzahl des Volumens gleich sind. Welche Kantenlänge hat ein solcher Würfel?

8 Als Pythagoras nach der Zahl seiner Schüler gefragt wurde, antwortete er: Die Hälfte meiner Schüler studiert die Mathematik, der vierte Teil die Physik, der siebente Teil lernt Stillschweigen, und außerdem habe ich noch drei Knaben.
Wie viele Schüler hatte Pythagoras?

Lösungen

8. 28 Schüler

7. Für $a = 6$ cm gilt $V = A_O$ (216 cm³; 216 cm²)

6. K: x; T: x + 4; M: 3x; V: 3x + 3; $x + (x + 4) + 3x + (3x + 3) = 119$; $x = 14$
Vater 45 Jahre; Mutter 42 Jahre; Thresi 18 Jahre; Kathi 14 Jahre

1

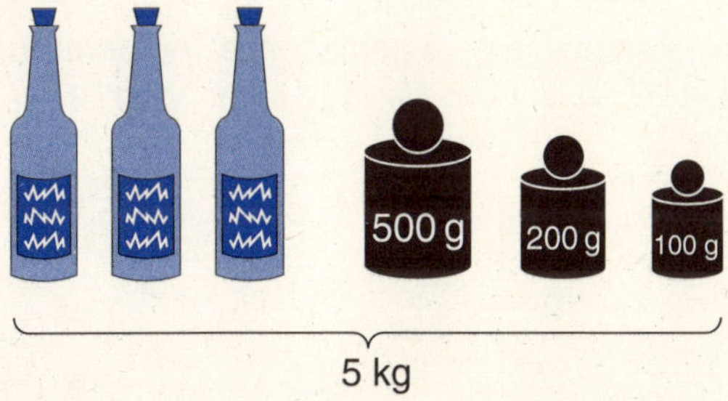

Wie schwer ist eine Flasche?

2 Löse folgende Gleichungen!

a) $24x + 23 = 47$

b) $14 - (7x - 10) = 5x$

c) $\frac{x}{6} - \frac{x}{8} = \frac{1}{4}$

d) $4 \cdot (x + 5) = 5 + (8x - 13)$

3 Nenne drei ganze Zahlen, die *beide* Ungleichungen *(I) und (II)* erfüllen!

(I) $8x - 4 > -20$

(II) $3 < 12 - 6x$

4 Durch Umlegen eines Hölzchens sollen wahre Gleichheitsaussagen entstehen.

a)

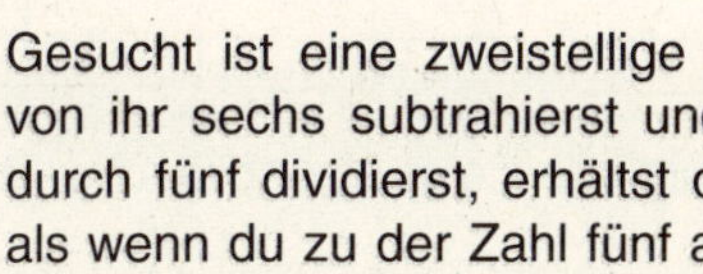

b)

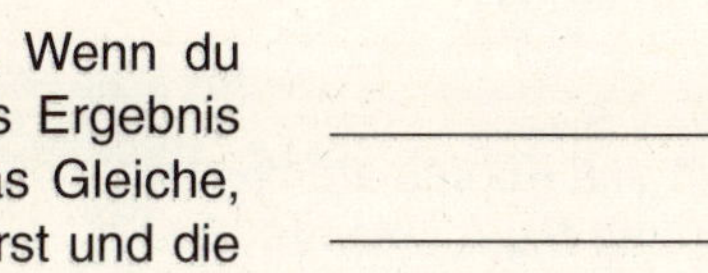

c)

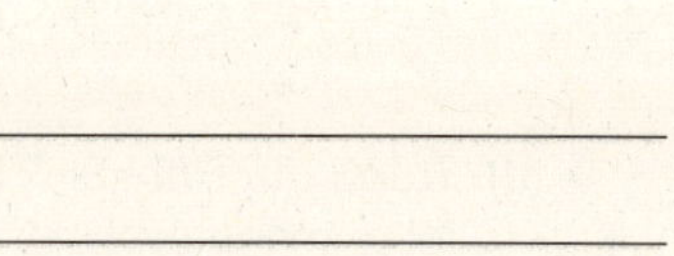

5 Gesucht ist eine zweistellige Zahl. Wenn du von ihr sechs subtrahierst und das Ergebnis durch fünf dividierst, erhältst du das Gleiche, als wenn du zu der Zahl fünf addierst und die Summe durch sechs dividierst.

Lösungen

1. Eine Flasche wiegt 1,4 kg.
2. a) $x = 1$ b) $x = 2$ c) $x = 6$ d) $x = 7$
3. I $x > -2$; II $x < 1,5$ $L = \{-1; 0; 1\}$
4. a) 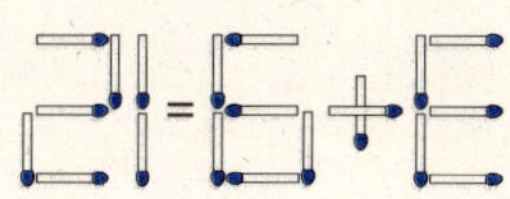 b) 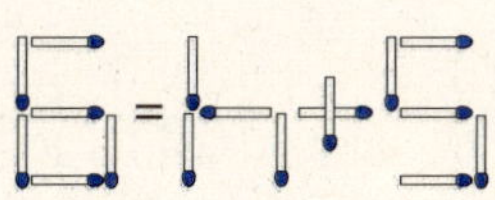 c) 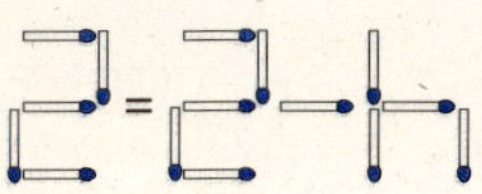
5. $x = 61$

1 Ergänze die fehlenden Zahlen!

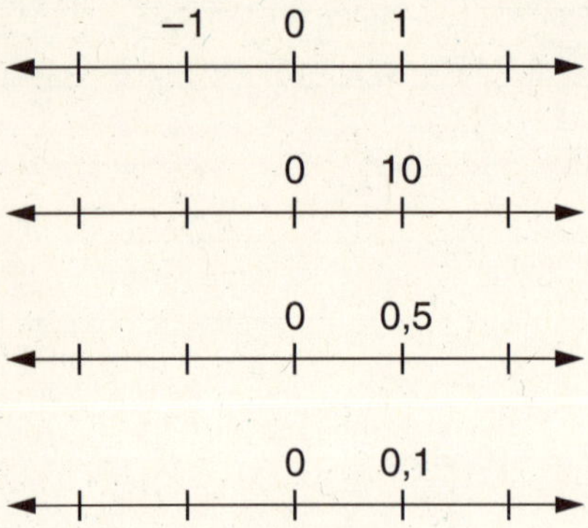

2 Wo könntest du die gemessene Temperatur von 23.00 Uhr des Vortages eintragen?

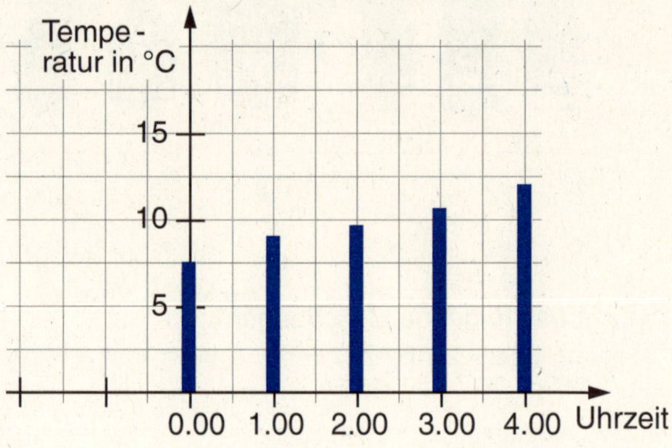

3 a) Ergänze alles Fehlende!

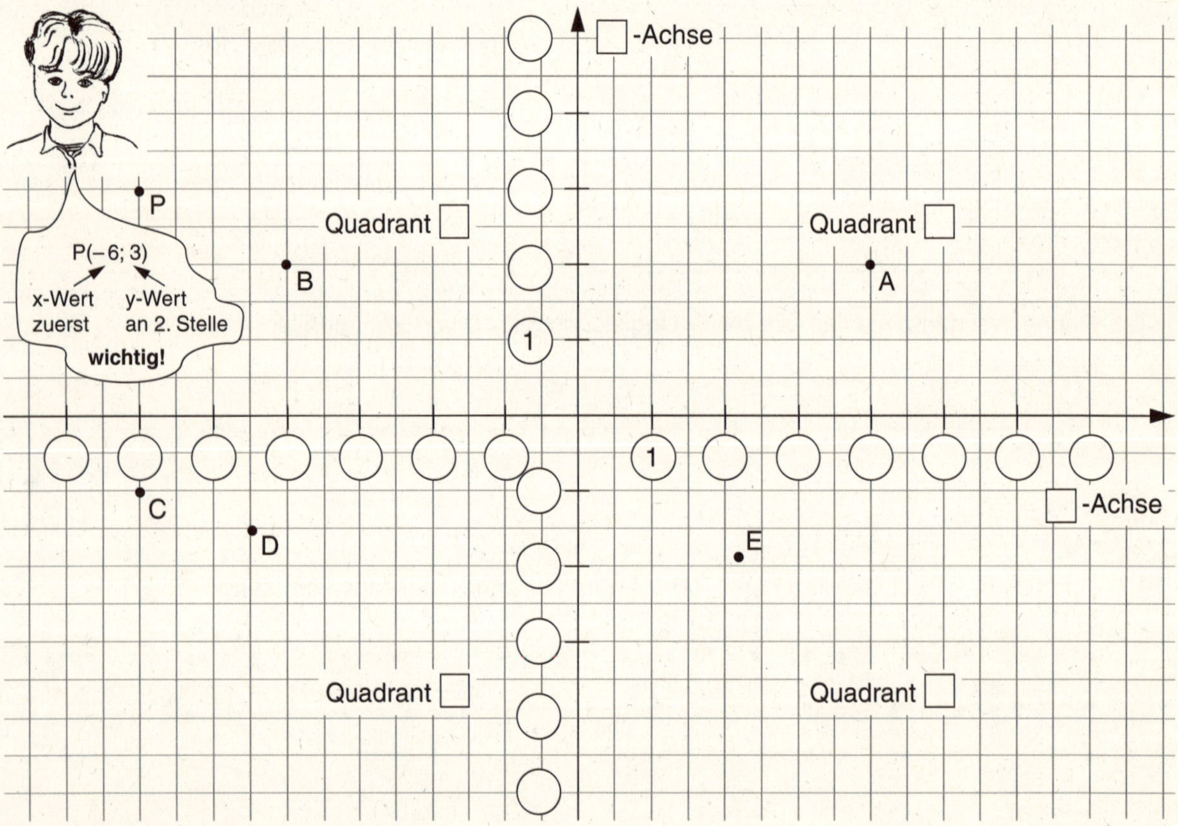

b) Lies die Koordinaten der Punkte ab! A(___; ___), B(___; ___), C(___; ___), D(___; ___), E(___; ___)

c) Trage die Punkte A bis E in die Wertetabelle ein!

x					
y					

d) Trage die Punkte F bis N in das Koordinatensystem ein und verbinde sie in alphabetischer Reihenfolge miteinander! Was für eine Figur entsteht?

F(6; 5), G(1; 2), H(−4; 5), I(−1; 0), J(−4; −5), K(1; −2), L(6; −5), M(3; 0), N(6; 5)

Lösungen

1.
−2 −1 0 1 2
−20 −10 0 10 20
−1 −0,5 0 0,5 1
−0,2 −0,1 0 0,1 0,2

2. links von 0.00 auf der x-Achse, beginnend im II. Quadranten

3. a) x-Achse, y-Achse; Quadranten I, II, III, IV

b) A(4; 2), B(−4; 2), C(−6; −1)), D(−4,5; −1,5), E(2,2; −1,8)

c)

x	4	−4	−6	−4,5	2,2
y	2	2	−1	−1,5	−1,8

d) ein Stern

1 Ergänze die Leerstellen!

Preise Tomaten	
1 kg	1,15 €
2 kg	2,30 €
3 kg	3,45 €

☐ proportional

☐ nicht proportional

Kartoffeln im Angebot	
1 kg	0,98 €
2 kg	1,75 €
5 kg	4,00 €
10 kg	6,50 €

☐ proportional

☐ nicht proportional

2 Berechne die fehlenden Werte!

· 3 · 2 · 2 · 2

Stück	2	4	6	8	12	20
Preis (€)	1,25					

· 2 · 2 · 3 · 2

Ein Zusammenhang heißt (direkt) proportional, wenn zum Doppelten, (Dreifachen, Vierfachen, ...) der ersten Zahl oder Größe das Doppelte, (Dreifache, Vierfache, ...) der zweiten Zahl oder Größe gehört.

3 Berechne die fehlenden Werte!

a	5	10	20	30		100
b	1		4		12	

$\frac{5}{1} = 5$ $\frac{20}{4} = 5$ $\frac{a}{b} = 5$

$a = b \cdot 5$ $b = \frac{a}{5}$

Bei direkter Proportionalität sind die Quotienten der einander zugeordneten Werte immer gleich.

4 Berechne die fehlenden Werte und trage die Wertepaare als Punkte in das Koordinatensystem ein! Verbinde sie mit einer Linie!

Es gilt: $y = 1{,}5 \cdot x$ oder einfach $y = 1{,}5x$.

Das bedeutet: Die Zuordnung der Werte x zu den jeweiligen Werten y ist proportional.

Der Proportionalitätsfaktor ist $k = 1{,}5$.

x	−0,5	0	1	2	3
y			1,5	3	

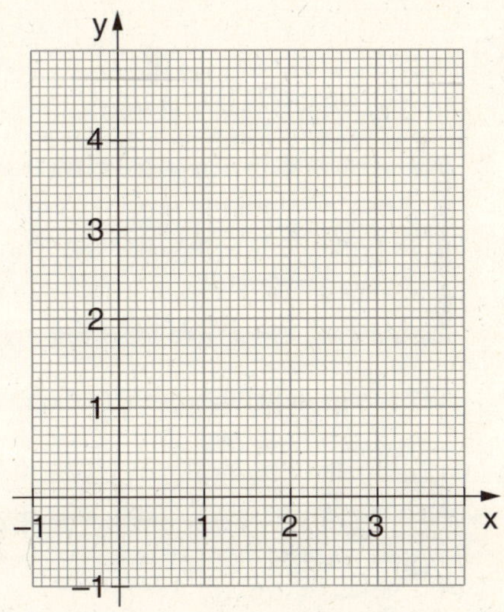

Bei einer proportionalen Zuordnung liegen alle Wertepaare als Punkte auf einer Geraden, die durch den Punkt (0; 0) verläuft.

Lösungen

1. Preise Tomaten proportional, Preise Kartoffeln nicht proportional, Mengenrabatt

2.

Stück	2	4	6	8	12	20
Preis (€)	1,25	2,50	3,75	5,00	7,50	12,50

3.

a	5	10	20	30	60	100
b	1	2	4	6	12	20

4.

x	−0,5	0	1	2	3
y	−0,75	0	1,5	3	4,5

1 Martin $25\ \frac{km}{h}$

Torsten $50\ \frac{km}{h}$

Torsten ist mit dem Zug nach einer halben Stunde am Ziel. Wann kommt Martin an?

Nach ☐ Minuten.

> Wenn bei einem Zusammenhang zum Doppelten (Dreifachen, Vierfachen …) der ersten Zahl oder Größe, die Hälfte (ein Drittel, ein Viertel …) der zweiten Zahl oder Größe gehören, so spricht man von einem indirekt proportionalen (umgekehrt proportionalen, antiproportionalen) Zusammenhang.

> Die Produkte der einander zugeordneten Werte müssen immer gleich sein.

2 Ergänze! Die Zahlenfolge ist indirekt proportional. Es gilt: $x \cdot y = 72$ oder $y = \frac{72}{x}$.

x	2	3	4	6	8	9	12	18	36
y							6		

3 Überprüfe auf Proportionalität!

(dp) direkt proportional, (ip) indirekt proportional, (np) nicht proportional

a)

x	5	4
y	20	25

◯

b)

x	4	5
y	20	25

◯

c)

x	4	20
y	5	25

◯

d)

x	4	25
y	5	20

◯

4 Berechne!

a)

x	8	5
y	10	

(ip)

b)

x	12	20
y	3	

(dp)

c)

x	7	
y	8	4

(ip)

d)

x	12	6
y		6

(ip)

5 Schreibe die einander zugeordneten Zahlen von Aufgabe 2 als „geordnete Paare" in Klammerschreibweise!

____

6 Trage die Zahlenpaare von Aufgabe 5 als Punkte in das Koordinatensystem ein!

> Bei einer indirekt proportionalen Zuordnung liegen alle Wertepaare als Punkte auf einer Kurve (Hyperbel).

Versuche die Hyperbel zu zeichnen!

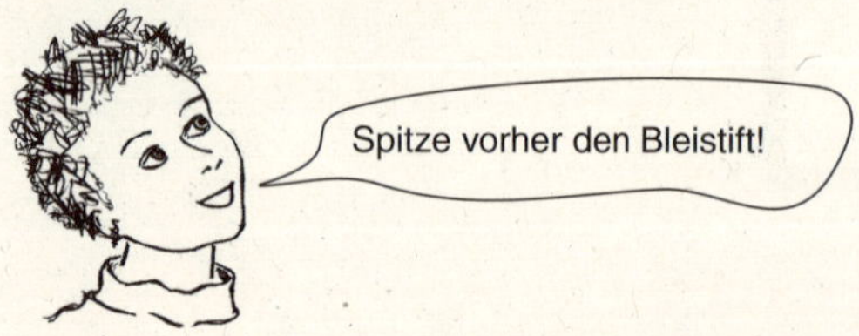

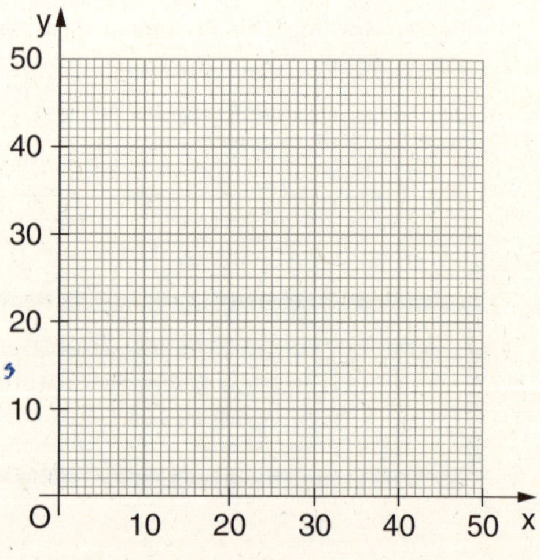

Lösungen

1. 60 Minuten

2.

x	2	3	4	6	8	9	12	18	36
y	36	24	18	12	9	8	6	4	2

3. a) ip b) dp c) dp d) np

4. a) (5; 16) b) (20; 5) c) (14; 4) d) (12; 3)

5. (2; 36) (3; 24) (4; 18) (6; 12) (8; 9) (9; 8) (12; 6) (18; 4) (36; 2)

1

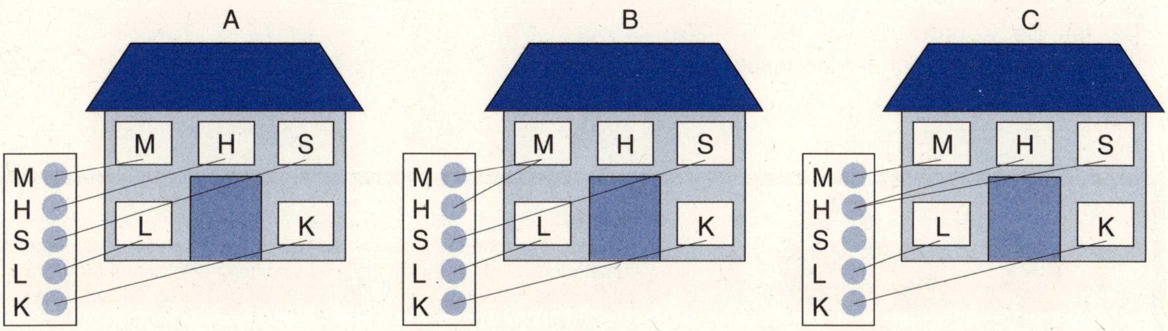

Die Verbindungen von den Klingelknöpfen zu den Klingeln in den einzelnen Wohnungen der Familien Meier, Heinrich, Schulze, Lehmann und Kunze sind hier etwas vereinfacht dargestellt.

Wo hat der Lehrling gepfuscht? ______________________

a) Welche Zuordnung ist
– **eineindeutig** (umkehrbar eindeutig)? [ ]
– **ein**deutig (aber nicht eineindeutig)? [ ]
– nicht eindeutig? [ ]

b) Welche Zuordnungen sind Funktionen A, B oder C? [ ]

> Jede eindeutige Zuordnung von Elementen einer Menge zu Elementen einer zweiten Menge nennt man eine Funktion.

2 Welche Pfeildiagramme stellen Funktionen dar? ______________

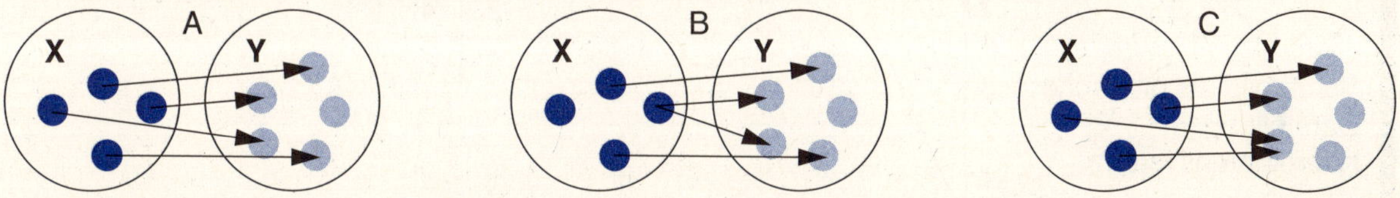

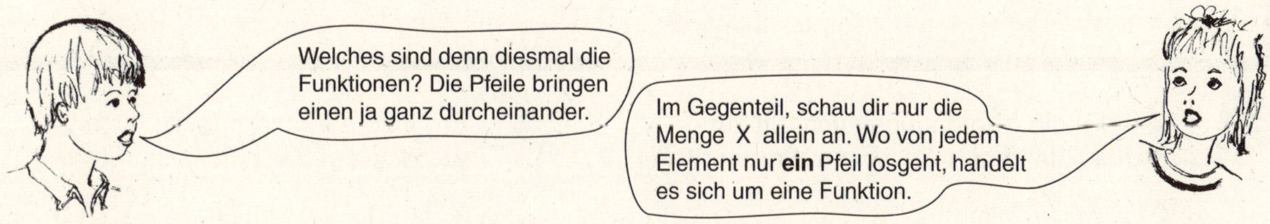

3 Funktionen werden oft grafisch in einem Koordinatensystem dargestellt. Welcher Graph stellt keine Funktion dar? Halte dich genau an die Definition! Bei einer Funktion darf jedem x-Wert nur ein y-Wert zugeordnet sein. (Einem anderen x-Wert darf der gleiche y-Wert zugeordnet sein.) ______________

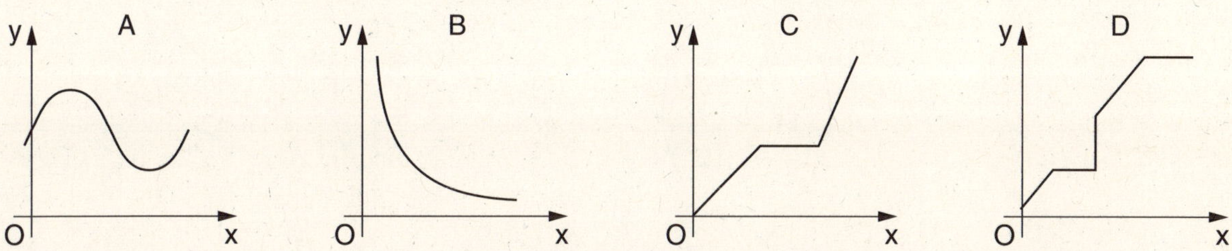

Lösungen

1. Bei B und C hat der Lehrling gepfuscht.
   a) eineindeutig: A; eindeutig: B; nicht eindeutig: C
   b) A und B
2. A und C
3. D

1 Ist die Zuordnung von Schlüsseln und Schlüssellöchern eindeutig?

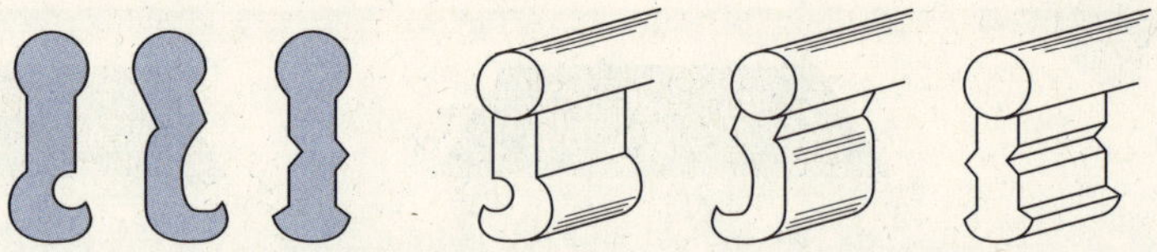

______

Es gibt verschiedene Möglichkeiten, einen funktionellen Zusammenhang darzustellen. Im folgenden Beispiel sind noch einmal fünf Möglichkeiten aufgezeigt, wie man eine lineare Funktion darstellen (aufschreiben, aufzeichnen) kann.

Zuordnungsvorschrift: $x \mapsto 2x$ Jeder natürlichen Zahl wird ihr Doppeltes, also 2x zugeordnet.

Pfeildiagramm:

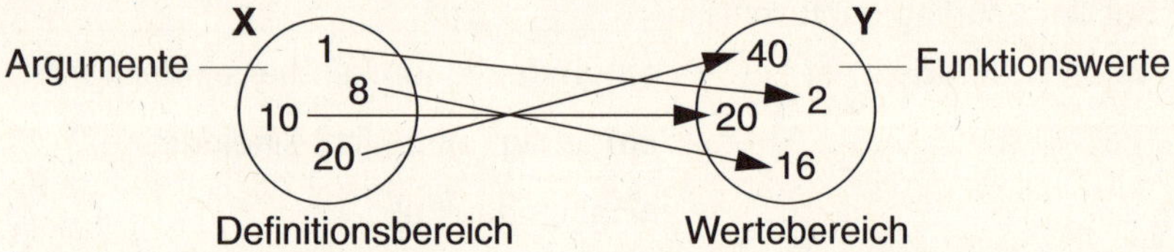

Gleichung: $y = 2x$ Genau genommen $y = f(x) = 2x$ (lies: y gleich f von x) bedeutet, dass y eine Funktion von x und nicht etwa umgekehrt ist oder dass X Definitionsbereich und Y Wertebereich sind.

Wertetabelle:

x	0	1	2	3
y	0	2	4	6

oder

x	y
0	0
1	2
2	4
3	6

Schaubild als grafische Darstellung im Koordinatensystem:

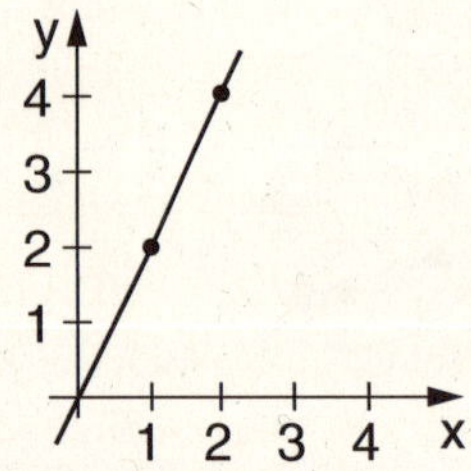

2 Wie heißt die Zuordnungsvorschrift zur Funktionsgleichung $y = x^2$ im Wortlaut? ($x \in \mathbb{Z}$)

______

______

3 Ergänze die Wertetabelle, wenn gilt: $y = 2x + 1, \quad x \in \mathbb{N}$!

x	0	1	2	3	4
y			5		

4 Zeichne die Pfeile, wenn gilt: $y = 3x - 1$!

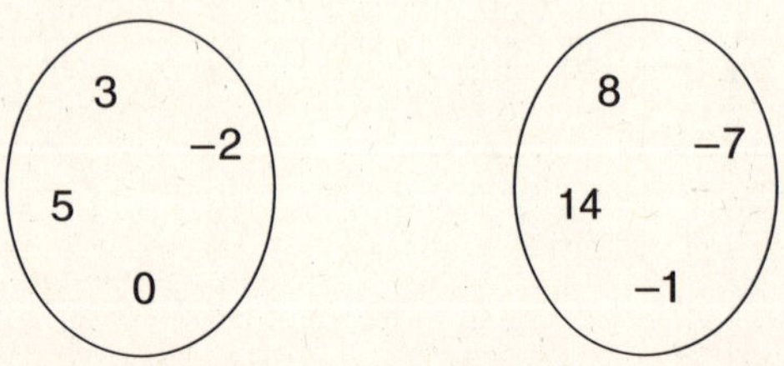

5 Wie heißt die Funktionsgleichung zum eingezeichneten Graphen?

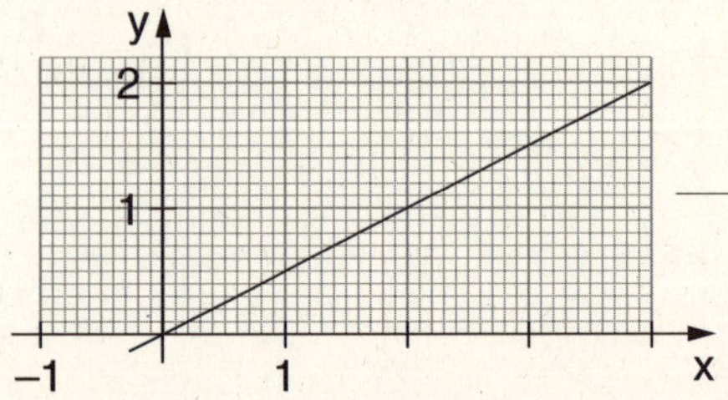

______

Lösungen

1. ja
2. Jedem Argument x, x Element ℤ, wird ihr Quadrat zugeordnet.
3.

x	0	1	2	3	4
y	1	3	5	7	9

4.

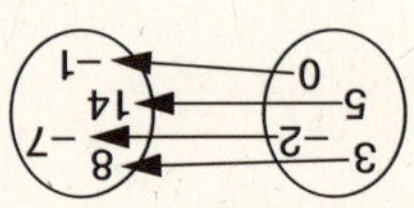

5. $y = \frac{1}{2}x$

1 Ein A4-Blatt hat ein Gewicht von 5 g. Wenn wir Länge und Breite verdoppeln erhalten wir A__.

Der Flächeninhalt ist jetzt __ mal so groß. Das neue Blatt würde ____ g wiegen.

2 Klaus geht zur Schule. Auf seiner Uhr stellt er fest, dass er für die 750 m Schulweg 10 min braucht.

a) Trage die fehlenden Werte in die Tabelle ein!
b) Zeichne den Graphen!

t (in min)	2	4	6	8	10
s (in m)					750

$t \mapsto 75 \cdot t$	$s = 75\,t$	s (in m) t (in min)

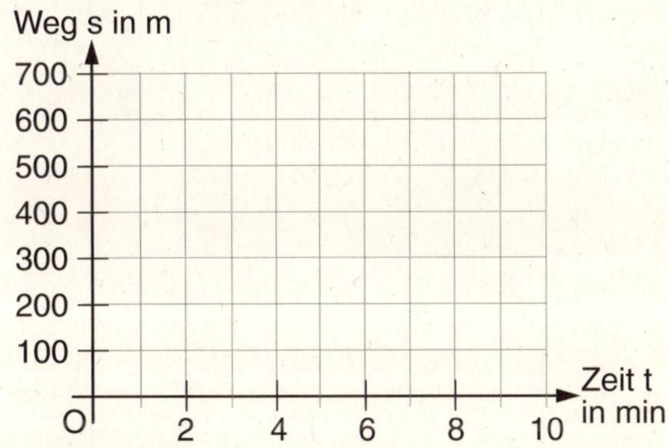

3 An einem normalen Tag läuft Klaus mit einer Geschwindigkeit von ____ $\frac{m}{min}$ oder ____ $\frac{km}{h}$.
Wenn er spät aufsteht, muss er schneller gehen. Hat er später Schule, kann er bummeln.

a) Trage die fehlenden Werte in die Tabelle ein!
b) Zeichne den Graphen!

v (in $\frac{km}{h}$)	1,5	3	4,5	6	9
t (in min)			10		

$v \mapsto \frac{45}{v}$	$t = \frac{45}{v}$	t (in min) v (in $\frac{km}{h}$)

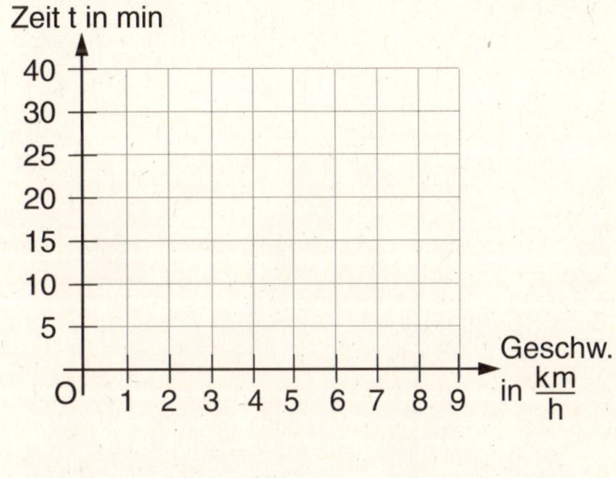

4 Klaus hat eine zwei Jahre ____________ Schwester.

a) Trage die fehlenden Werte in die Tabelle ein!
b) Zeichne den Graphen!

Alter von Klaus (in J)	1	2	3	4	5
Alter von Petra (in J)			5		

$A_K \mapsto A_K + 2$	$A_P = A_K + 2$	A_K (in J) A_P (in J)

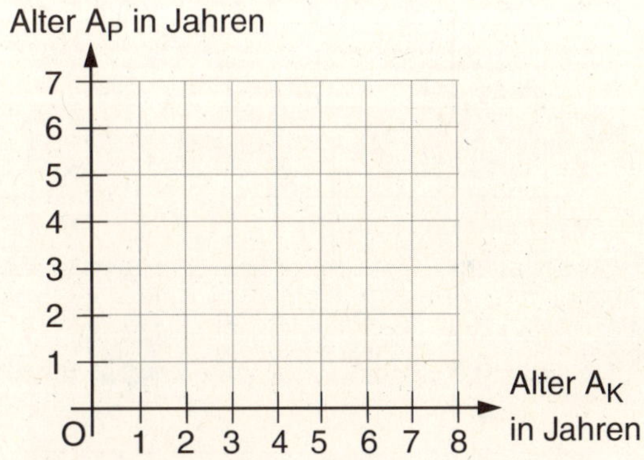

5 Klaus und Petra basteln einen quadratischen Drachen. Sie wollen eine möglichst große Angriffsfläche für den Wind haben.

a) Trage die fehlenden Werte in die Tabelle ein!
b) Zeichne den Graphen!

a (in cm)	20	40	60	80	100
A (in cm^2)		1600			

$a \mapsto a^2$	$A = a^2$	A (in cm^2) a (in cm)

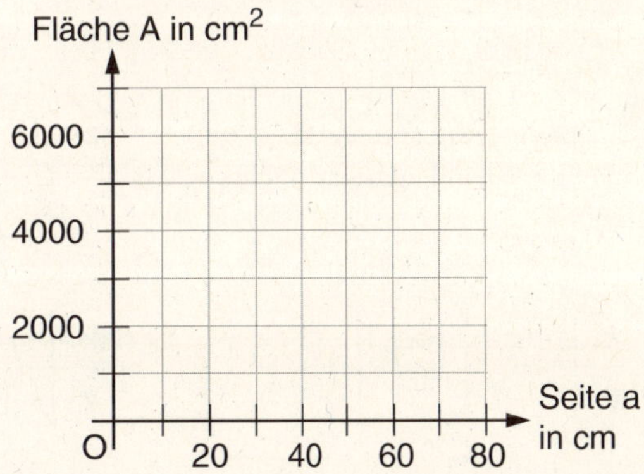

Lösungen

1. A2; viermal so groß; 20 g

2.

t	2	4	6	8	10
s	150	300	450	600	750

3. $75 \frac{m}{min} = 4{,}5 \frac{km}{h}$

v	1,5	3	4,5	6	9
t	30	15	10	7,5	5

4. ältere

Alter Klaus	1	2	3	4	5
Alter Petra	3	4	5	6	7

5.

a	20	40	60	80	100
A	400	1600	3600	6400	10000

1 Ist bei der Funktion $y = 2x$ ($y = mx$) der Zusammenhang (dp) (ip) (np)? ◯

Erstelle für folgende Aufgaben eine Wertetabelle und zeichne den Graphen der Funktion in das Koordinatensystem! Zeichne das Steigungsdreieck ein!

2

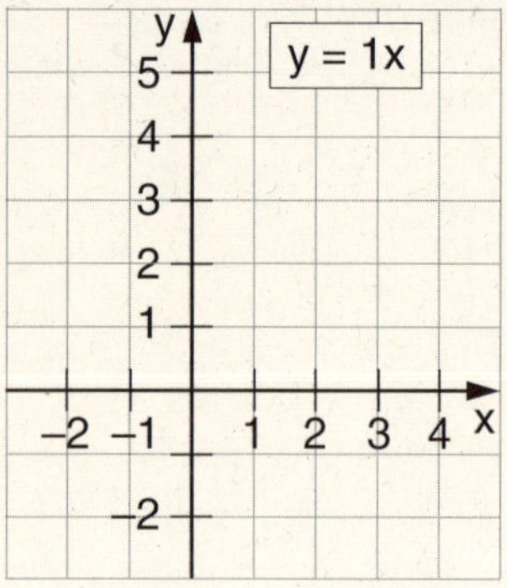

x	1	2	3
y			

3

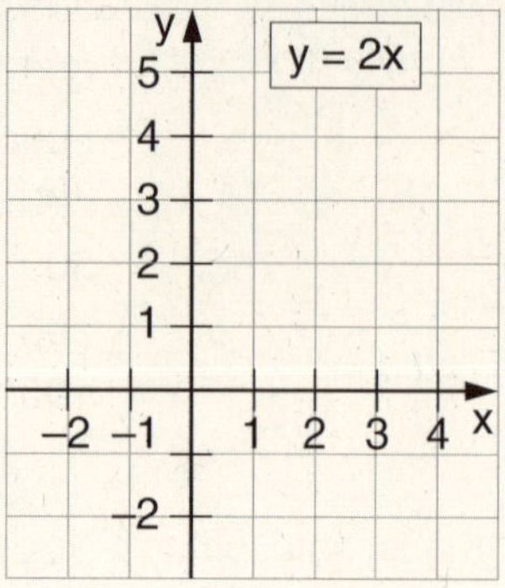

x	1	2	3
y			

4

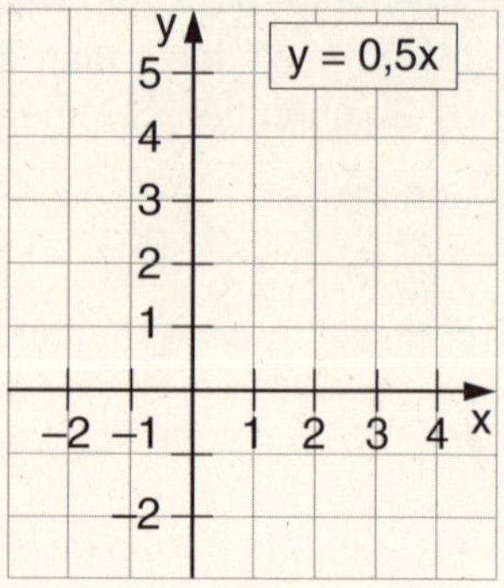

x	1	2	3
y			

5

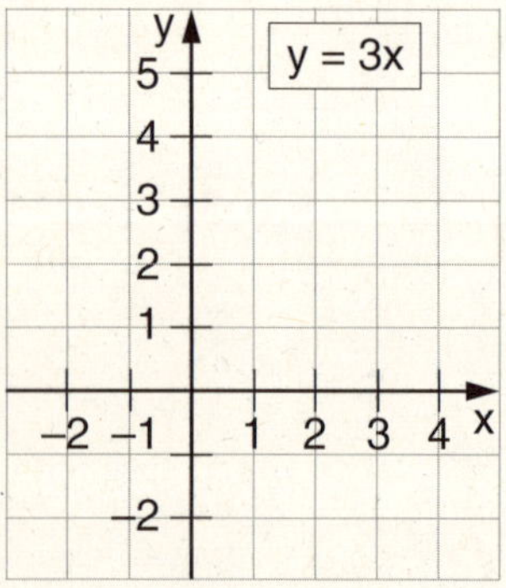

x	1	2	3
y			

6

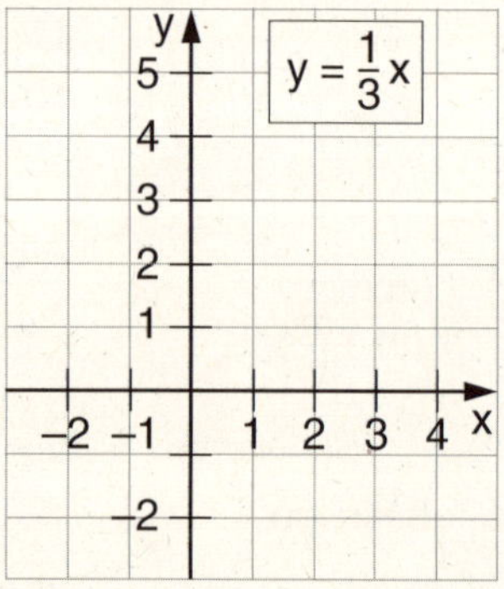

x	1	2	3
y			

7

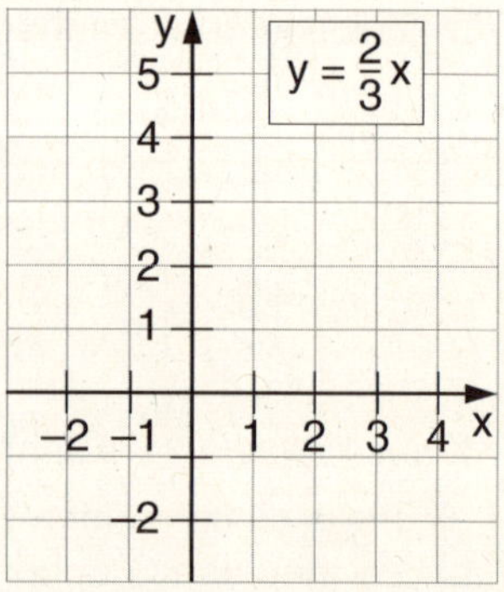

x	1	2	3
y			

8

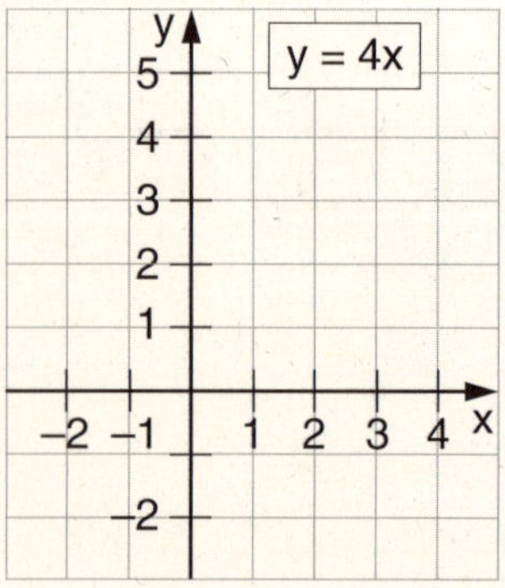

x	1	2	3
y			

9

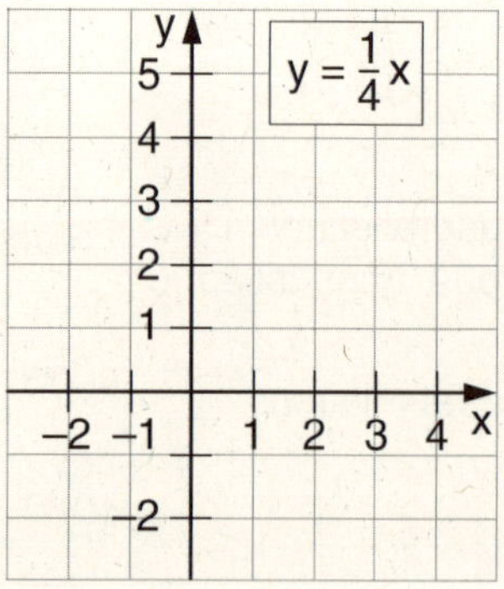

x	1	2	3
y			

10

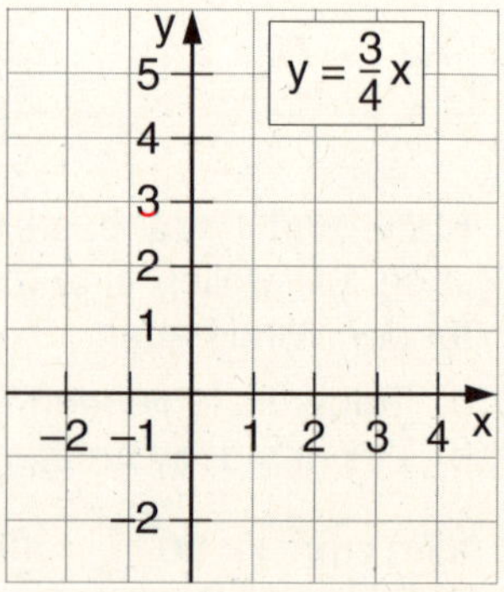

x	1	2	3
y			

Lösungen

1. (dp)

2.

x	1	2	3
y	1	2	3

3.

x	1	2	3
y	2	4	6

4.

x	1	2	3
y	0,5	1	1,5

5.

x	1	2	3
y	3	6	9

6.

x	1	2	3
y	$\frac{1}{3}$	$\frac{2}{3}$	1

7.

x	1	2	3
y	$\frac{2}{3}$	$\frac{4}{3}$	2

8.

x	1	2	3
y	4	8	12

9.

x	1	2	3
y	0,25	0,5	0,75

10.

x	1	2	3
y	0,75	1,5	2,25

1 Ist bei der Funktion $y = 2x + 1$ ($y = mx + n$) der Zusammenhang (dp) (ip) (np)?

Erstelle für folgende Aufgaben eine Wertetabelle und zeichne den Graph der Funktion in das Koordinatensystem! Zeichne auch das Steigungsdreieck ein!

2

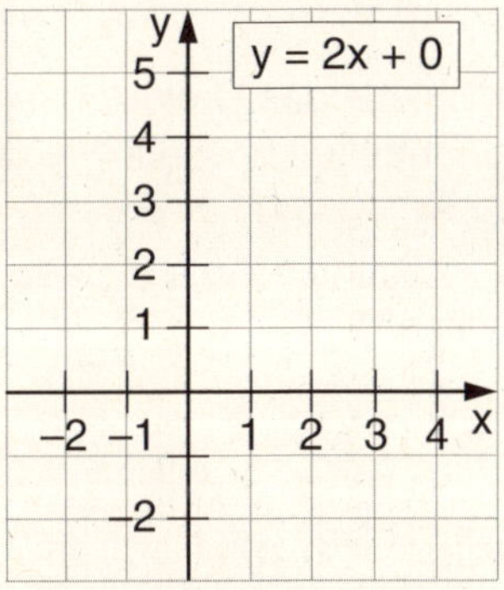

x	–1	0	1	2	3
y					

3

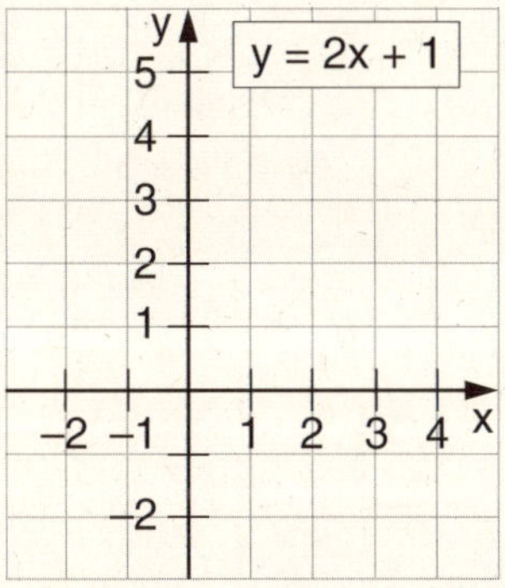

x	–1	0	1	2	3
y					

4

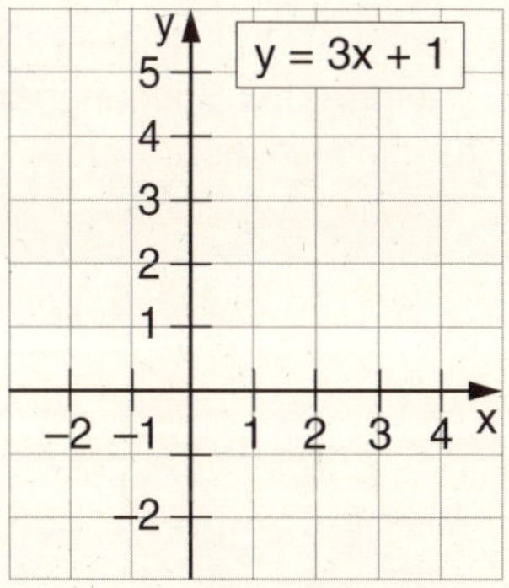

x	–1	0	1	2	3
y					

5

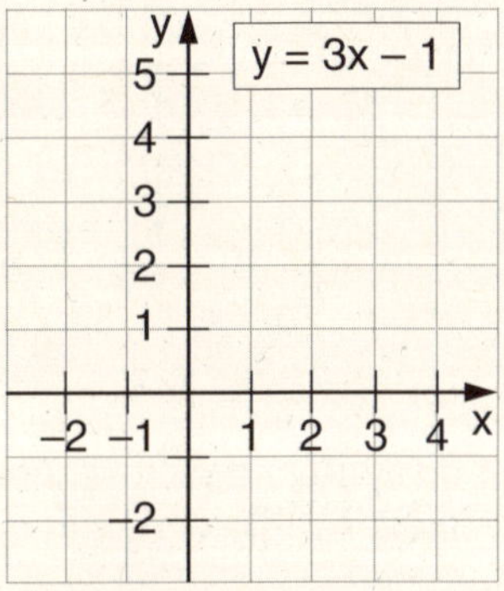

x	0	1	2	3
y				

6

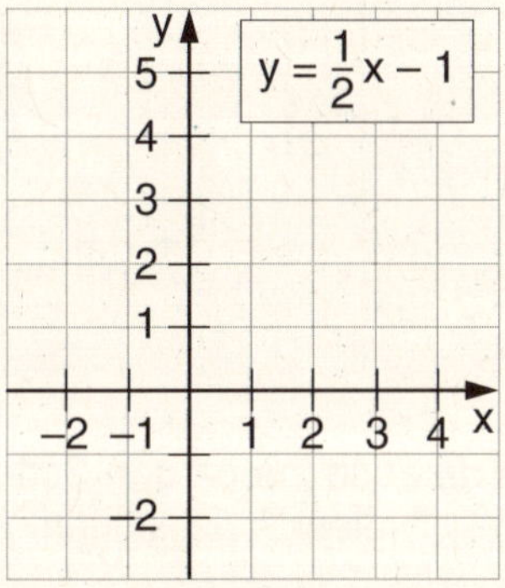

x	0	1	2	3
y				

7

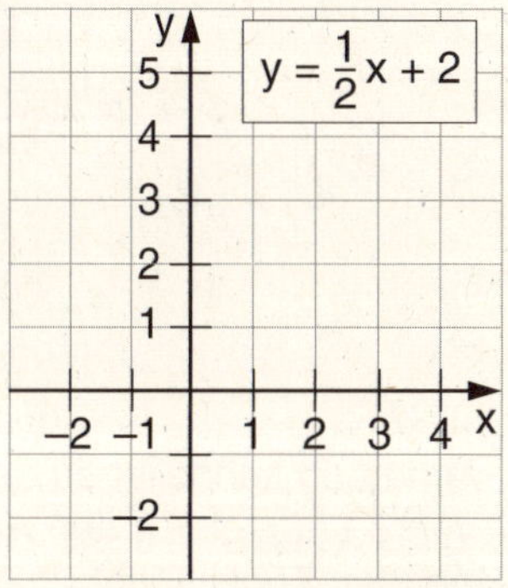

x	0	1	2	3
y				

8

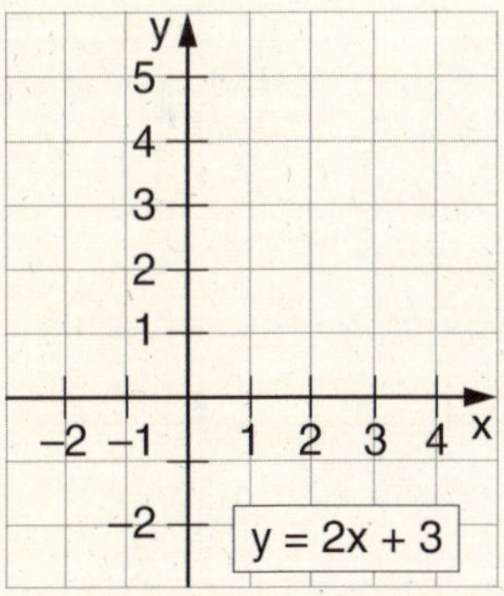

x	0	1	2
y			

9

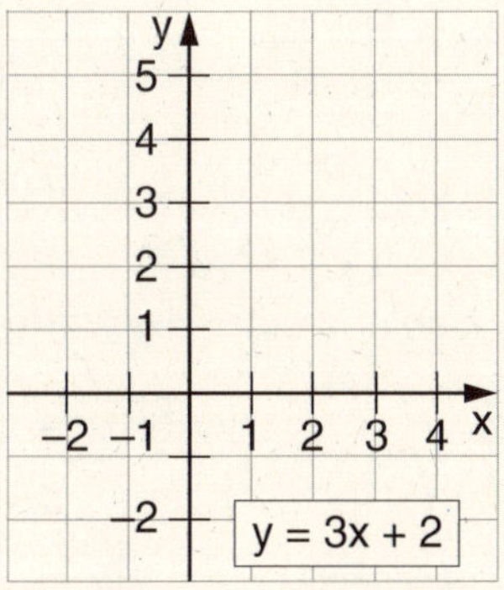

x	0	1	2
y			

10

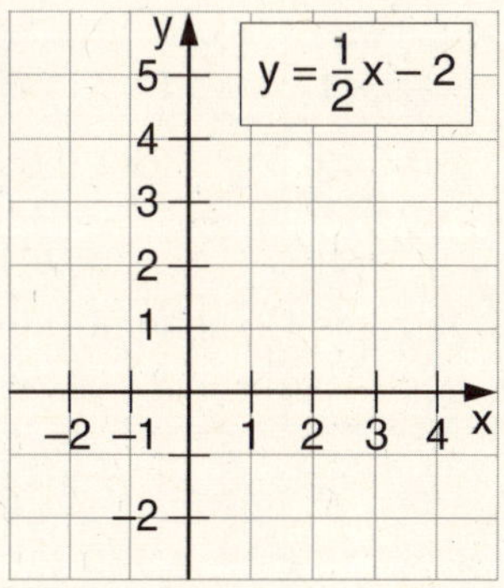

x	0	1	2
y			

Lösungen

1. für n ≠ 0 (np)

eine Lupe hilft

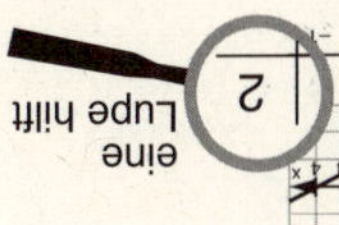

2. – 10.

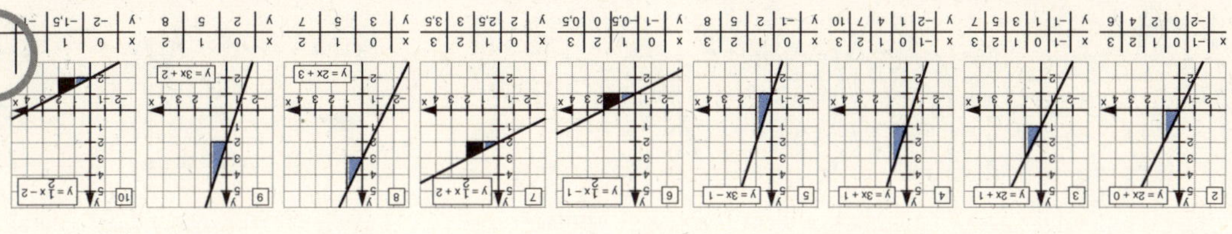

11

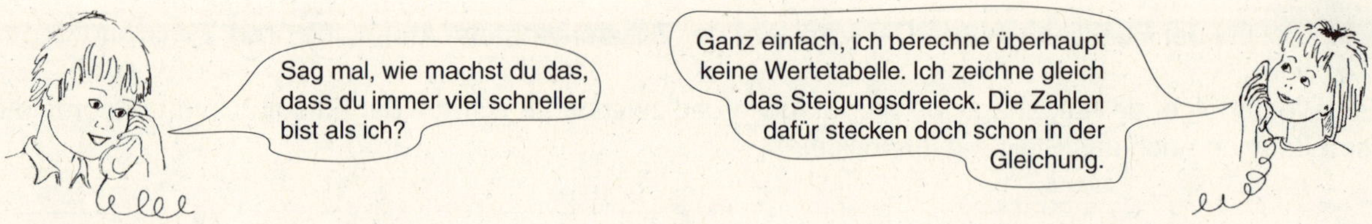

Zeichne das Steigungsdreieck für die Funktion:

$y = 2x = \frac{2}{1}x$

Beispiel:

$y = 2x + 3$

Anstieg — m

Verschiebung — n

Verschiebe das Dreieck dann um drei Einheiten und zeichne die Funktionsgerade ein!

Bei n schneidet die Gerade die y-Achse.

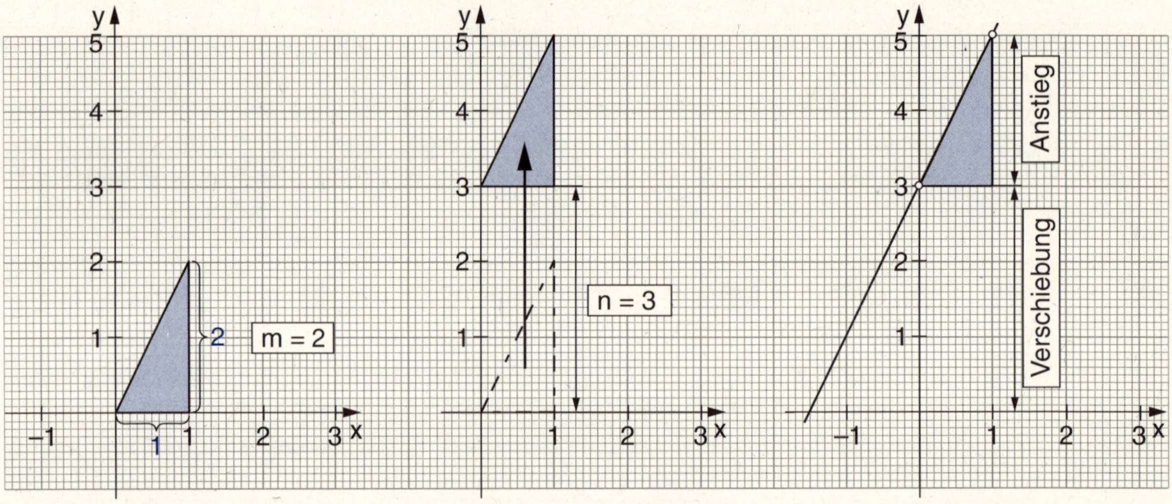

12 Um noch schneller zu sein, kannst du auch zuerst den Schnittpunkt mit der y-Achse einzeichnen und von da aus gleich den Anstieg mittels Dreieck einzeichnen. Zeichne auf diese Art die Graphen der folgenden Funktionen!

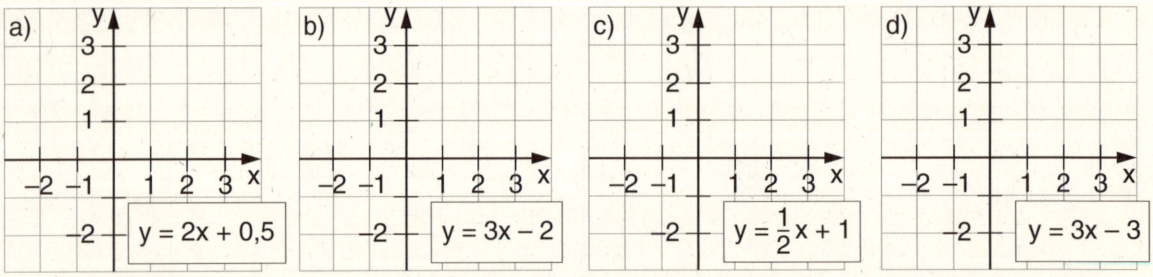

13 Jetzt die Umkehrung. Lies m und n ab und setze die Werte in die Gleichung $y = mx + n$ ein!

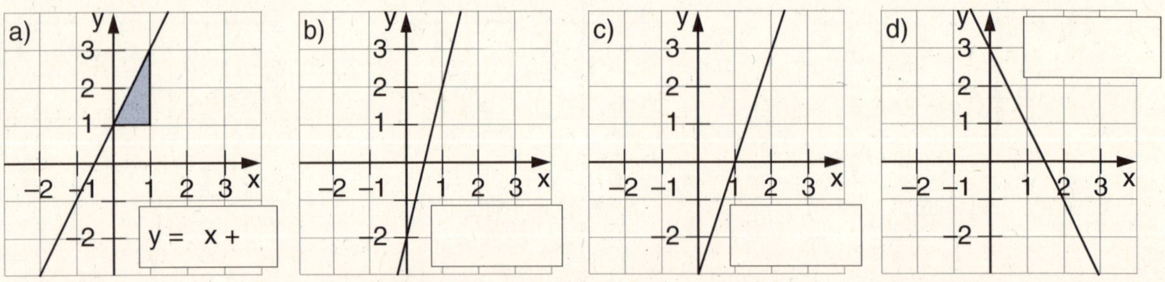

Lösungen

eine Lupe hilft

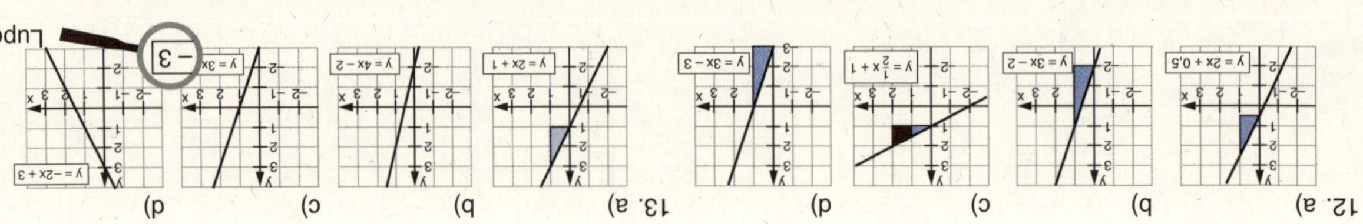

1 In welchen Punkten werden die Achsen geschnitten?
In welchen Punkten schneiden die Geraden einander?

	Geraden A	Geraden B	Geraden C
mit x-Achse			(2; 0)
mit y-Achse			

Geraden miteinander

A mit B	B mit C	A mit C

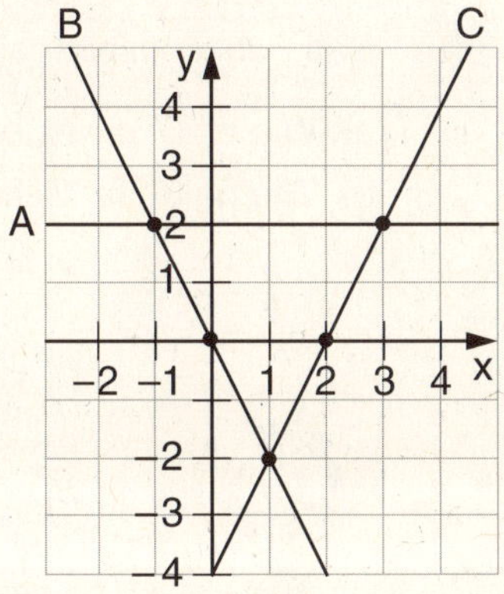

Die Abszisse (den x-Wert) des Schnittpunktes des Graphen mit der x-Achse nennt man Nullstelle, da der Funktionswert y an dieser Stelle gleich **0** ist.

Beispiel:

x	−1	0	1	2	3	4
y	−6	−4	−2	**0**	2	4

Nullstelle
$x_0 = 2$

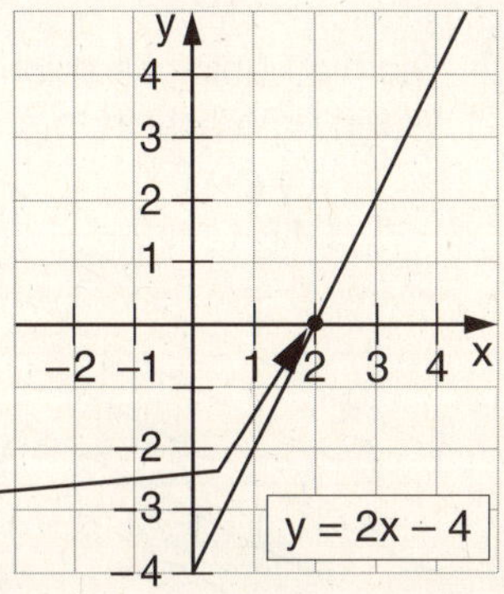

2 Lies die Nullstellen aus den Funktionsbildern ab!

a) ________

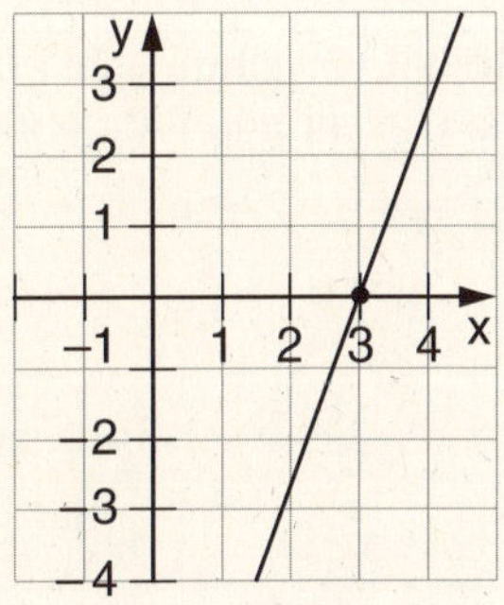

b) ________

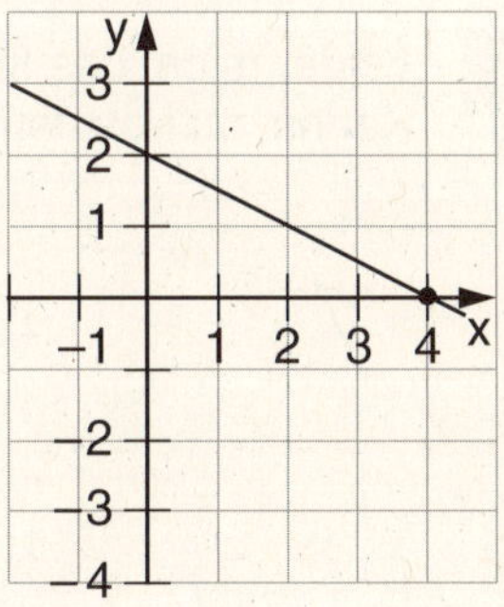

c) ________

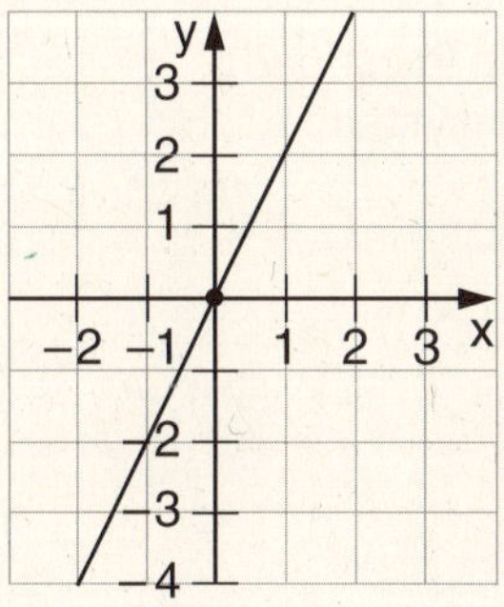

d) ________

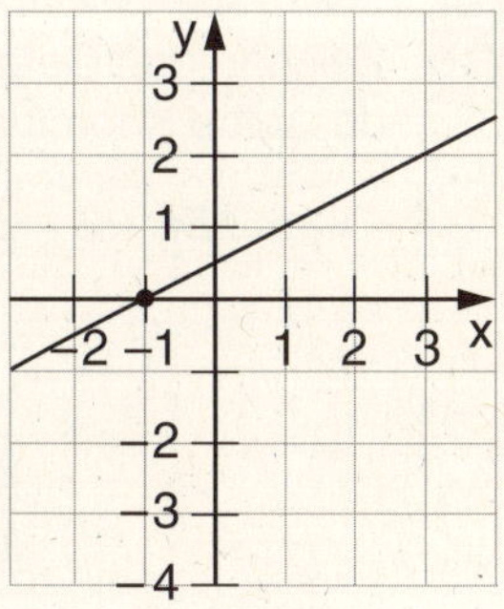

3 Berechne die Nullstellen aus der Funktionsgleichung!

Beispiel:

$y = 4x + 5$

Einsetzen! → $\mathbf{0} = 4x + 5 \quad |-5$

$-5 = 4x \quad |:4$

$-\frac{5}{4} = x$

$x_0 = -\frac{5}{4} = -1{,}25$

a) $y = 6x + 12$

____
____
____

$x_0 =$ ______

b) $y = 8x - 4$

____
____
____

$x_0 =$ ______

c) $y = 2x + 2$

____
____
____

$x_0 =$ ______

Lösungen

1.

	A	B	C
mit x-Achse	–	(0; 0)	(2; 0)
mit y-Achse	(0; 2)	(0; 0)	(0; −4)

A mit B	B mit C	A mit C
(−1; 2)	(1; −2)	(3; 2)

2. a) $x_0 = 3$ b) $x_0 = 4$ c) $x_0 = 0$ d) $x_0 = -1$

3. a) $x_0 = -2$ b) $x_0 = 0{,}5$ c) $x_0 = -1$

1 Das Funktionsbild zeigt eine indirekt proportionale Zuordnung.

a) Wie heißt die Nullstelle? ______________________

b) Wie heißt der Schnittpunkt mit der y-Achse?

____

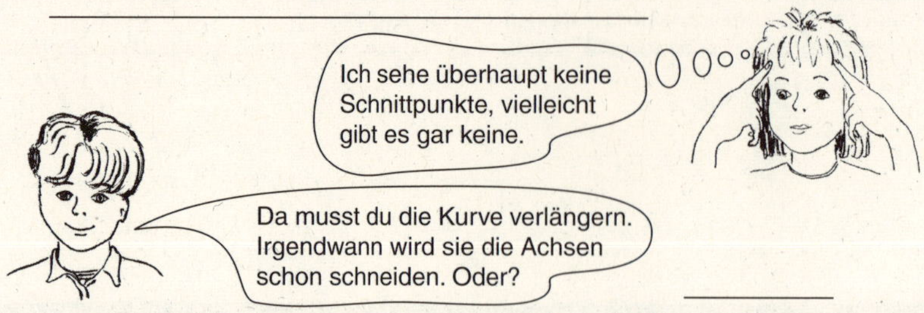

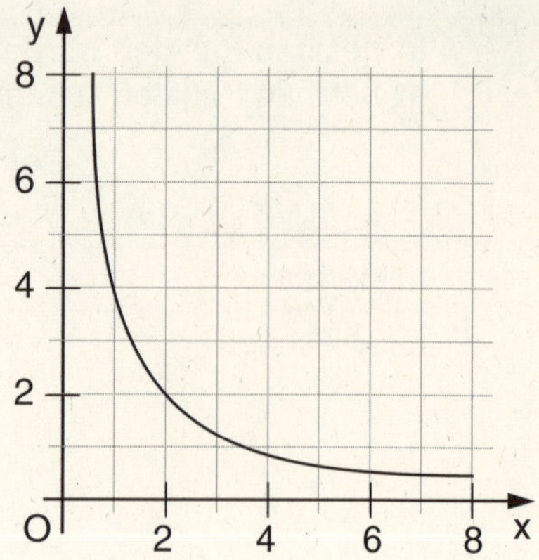

2 Gib die Funktionsgleichungen an! Worin unterscheiden sie sich?

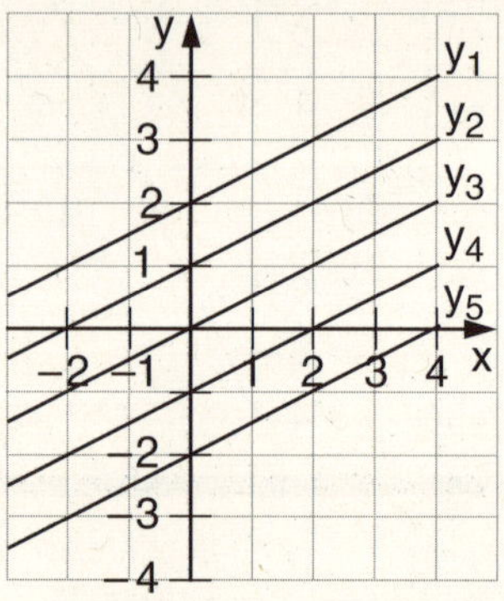

y_1 = ________

y_2 = ________

y_3 = ________

y_4 = ________

y_5 = ________

____

3 Gib die Funktionsgleichungen an! Worin unterscheiden sie sich?

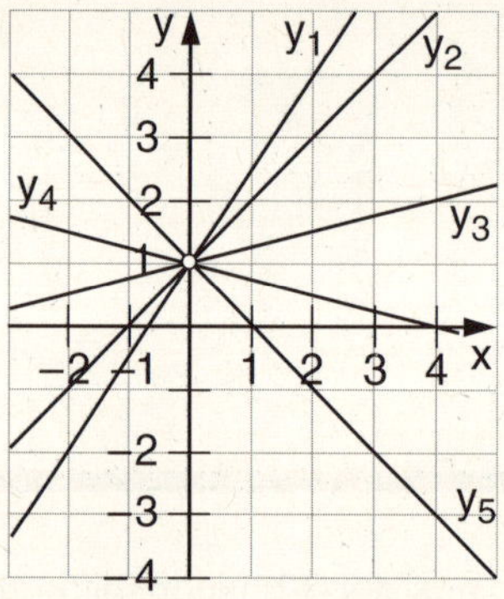

y_1 = ________

y_2 = ________

y_3 = ________

y_4 = ________

y_5 = ________

____

4 Zeichne drei Geraden in ein und dasselbe Koordinatensystem!

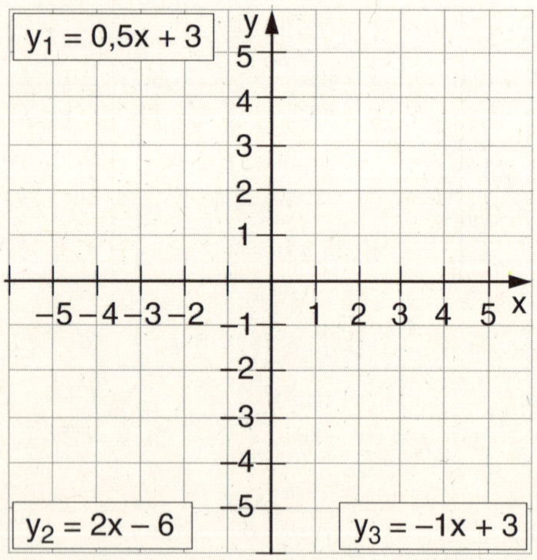

Gib die Koordinaten der Eckpunkte des entstandenen Dreiecks an!

A(___; ___) B(___; ___) C(___; ___)

5 Leider reicht das Koordinatensystem nicht aus. Kannst du trotzdem die Gleichungen angeben?

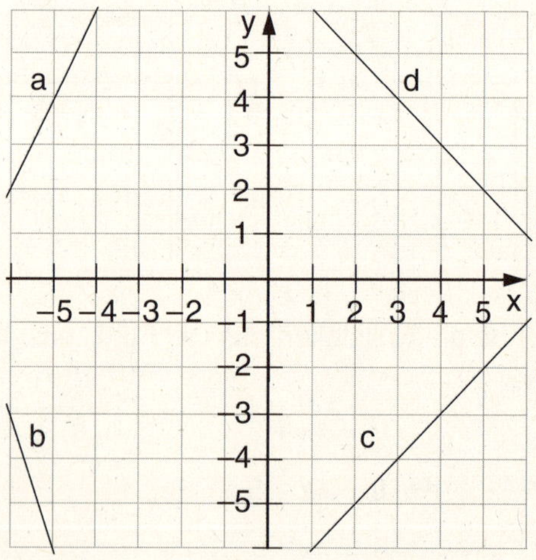

y_a = ______

y_b = ______

y_c = ______

y_d = ______

Kannst du auch noch die Nullstellen ermitteln?

a) x_0 = ___ b) x_0 = ___ c) x_0 = ___ d) x_0 = ___

Lösungen

1. a) Es gibt keine. b) Es existiert keiner.

3. $y_1 = \frac{3}{2}x + 1$; $y_2 = x + 1$; $y_3 = \frac{1}{4}x + 1$; $y_4 = -\frac{1}{4}x + 1$; $y_5 = -x + 1$

2. $y_1 = \frac{1}{2}x + 2$; $y_2 = \frac{1}{2}x + 1$; $y_3 = \frac{1}{2}x$; $y_4 = \frac{1}{2}x - 1$; $y_5 = \frac{1}{2}x - 2$

5. $y_a = 2x + 14$; $x_0 = -7$ $y_b = -3x - 21$ $x_0 = -7$ $y_c = x - 7$ $x_0 = 7$ $y_d = -x + 7$ $x_0 = 7$

4. 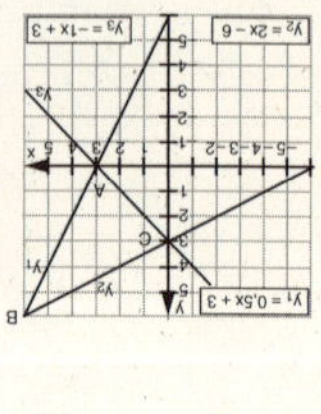

A(0; 3)
B(6; 6)
C(3; 0)

Definition: Der Kreis ist die Menge aller Punkte einer Ebene, die von einem Punkt dieser Ebene gleich weit entfernt sind.

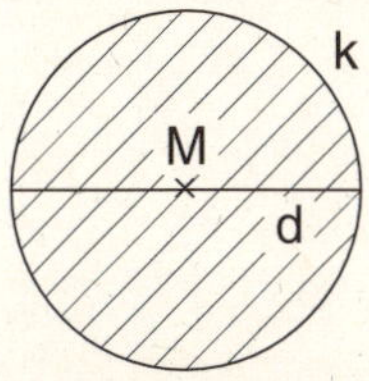

Kreisfläche (schraffiert)

M Mittelpunkt
k Kreis(linie)
d Durchmesser
r Radius
s Sehne
b Bogen

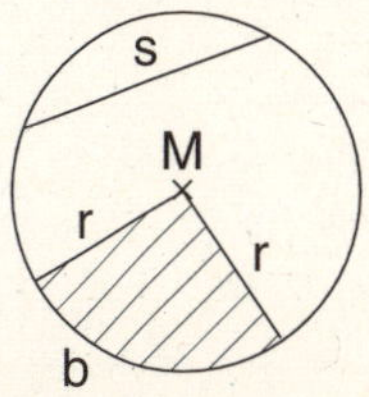

Kreissektor (Kreisausschnitt) (schraffiert)

1 Warum ist in der Definition für den Kreis der Begriff „Ebene" notwendig?

____

2 Vervollständige!

A ist ______________________________

$\overline{CD}$ ist ______________________________

$\overline{AP}$ ist ______________________________

$\overline{RS}$ ist ______________________________

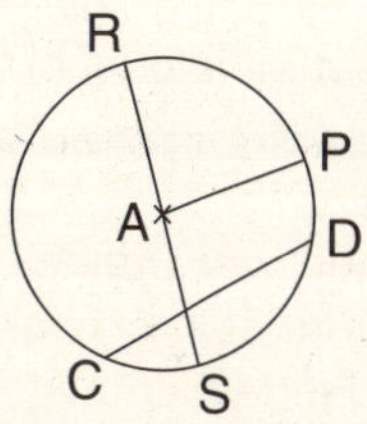

3 Trage ein!

Punkte des Kreises: ______________________________

innere Punkte: ______________________________

äußere Punkte: ______________________________

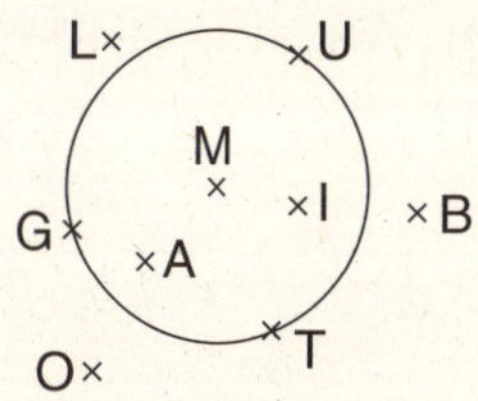

4 Ein Kreis um M hat den Durchmesser d = 18 cm.
Welche Lage zu diesem Kreis haben die Punkte P, Q und R, wenn gilt:

$\overline{MP}$ = 18 cm P ist ein ______________________________

$\overline{MQ}$ = 9 cm Q ist ein ______________________________

$\overline{MR}$ = 2 cm R ist ein ______________________________

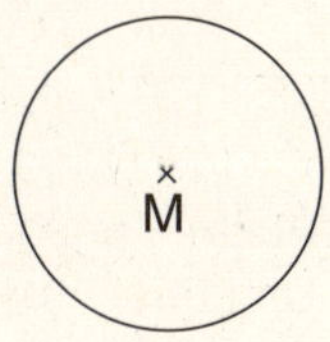

5 a) Zeichne eine Strecke $\overline{AB}$ = 4 cm! Zeichne um A den Kreis mit dem Radius 2,5 cm und um B den Kreis mit dem Radius 2 cm! Nenne die Schnittpunkte beider Kreise C und D!

b) Ergänze:
Das Viereck ADBC ist ein

____

Der Schnittwinkel von $\overline{AB}$ und $\overline{CD}$

beträgt ______________________________

Lösungen

3. Kreispunkte: G; U; T, innere Punkte: M; A; I, äußere Punkte: L; O; B
1. Sonst wäre der Begriff „Kugel" definiert.
4. P ist äußerer Punkt; Q ist Punkt des Kreises; R ist innerer Punkt
2. A ist Mittelpunkt; $\overline{CD}$ ist Sehne; $\overline{AP}$ ist Radius; $\overline{RS}$ ist Durchmesser
5. b) Drachenviereck; 90°

1 Berechne die fehlenden Winkelgrößen!

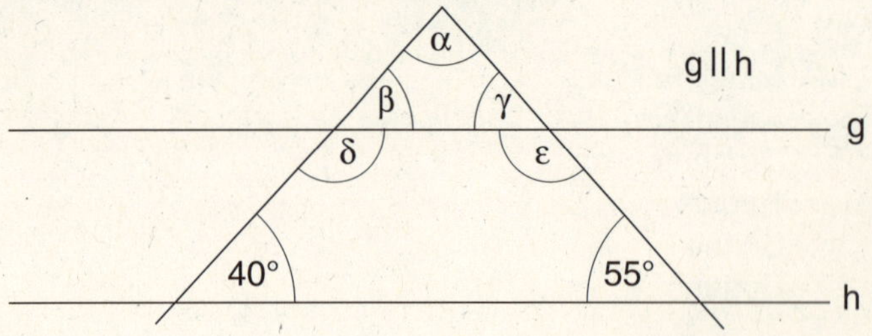

α = ______ δ = ______

β = ______ ε = ______

γ = ______

2 Berechne die fehlenden Winkelgrößen!

α = ______; β = ______;

γ = ______; δ = ______

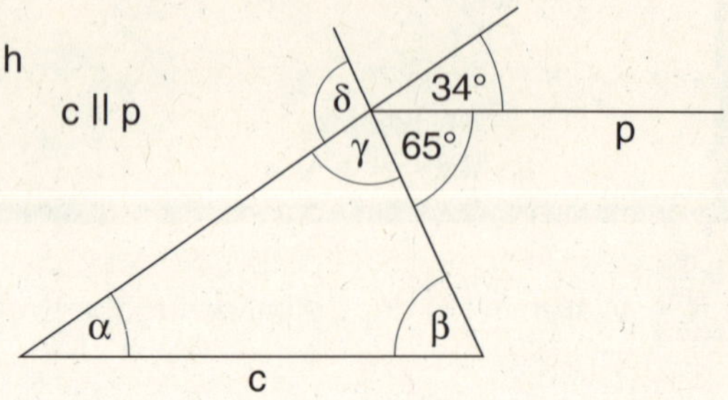

> Der Kreis, der durch die Eckpunkte eines Vielecks geht, heißt Umkreis. Jedes Dreieck hat einen Umkreis. Sein Mittelpunkt ist der Schnittpunkt der Mittelsenkrechten der Dreiecksseiten.

3 Konstruiere ein Dreieck ABC mit c = 5 cm; α = 50° und β = 70°!
Konstruiere seinen Umkreis!
Nenne den Mittelpunkt M!
Gib die Winkelgrößen an!

∢BCA = ______; ∢BMA = ______

∢AMC = ______; ∢BMC = ______

4 Auch manche Vierecke haben einen Umkreis. Zu welchem der folgenden Vierecke gibt es einen Umkreis? Konstruiere ihn!

a) Rechteck

b) Rhombus

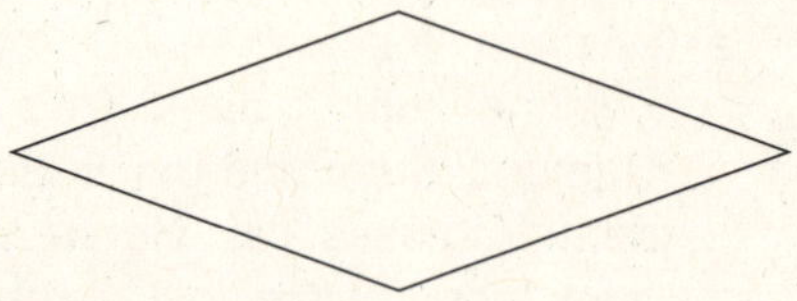

c) Drachenviereck

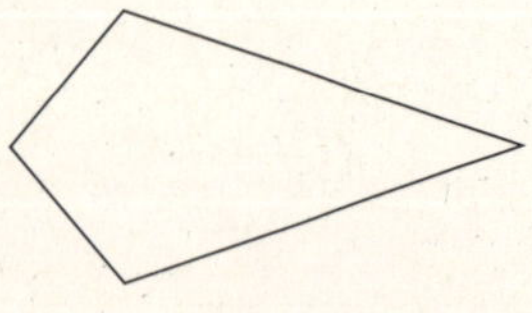

d) gleichschenkliges Trapez

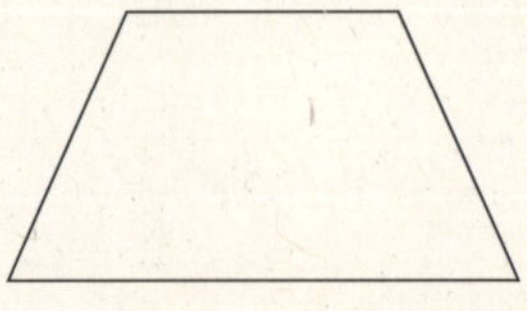

Lösungen

4. a) Der Mittelpunkt des Umkreises ist der Schnittpunkt der Diagonalen.
d) Die Mittelsenkrechten einer Grundseite und eines Schenkels schneiden einander im Mittelpunkt des Umkreises.
1. α = 85°; β = 40°; γ = 55°; δ = 140°; ε = 125°
3. Konstruiere die Mittelsenkrechten zweier Seiten! ∢BCA = 60°; ∢BMA = 120°; ∢AMC = 140°; ∢BMC = 2α = 100°
2. α = 34°; β = 65°; γ = 81°; δ = 99°

1 Zeichne zu dem Kreis k
- eine Tangente t
- eine Sekante s und
- eine Passante p,

die jeweils durch den Punkt A verlaufen!

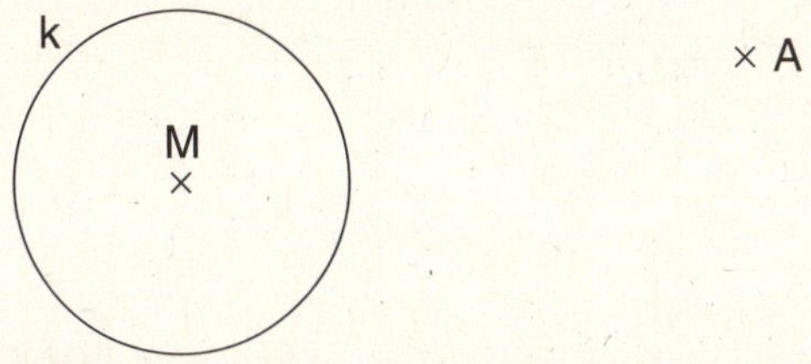

> Eine Sekante schneidet den Kreis in zwei Punkten.
> Eine Tangente berührt ihn in einem Punkt und steht auf dem Berührungsradius senkrecht.
> Eine Passante hat mit dem Kreis keinen Punkt gemeinsam.

2 Ergänze die Tabelle!

Radius	8 cm	5,2 cm	2,5 cm			
Durchmesser				12 cm	7 cm	3,4 cm

3 Konstruiere die zweite Tangente an den Kreis, die durch den Punkt Q verläuft!

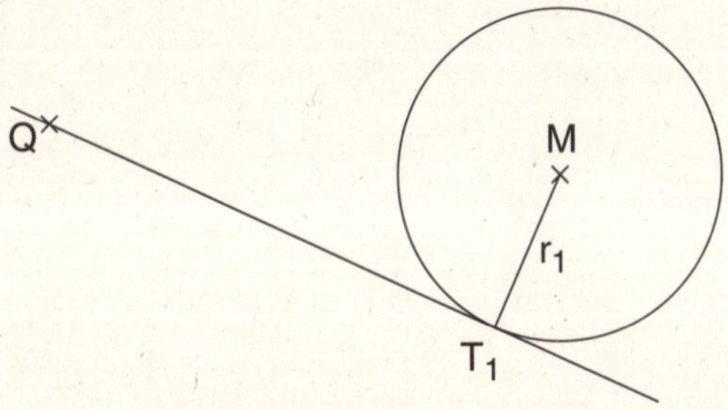

4 Konstruiere die Tangente in Q an den Kreis um M!

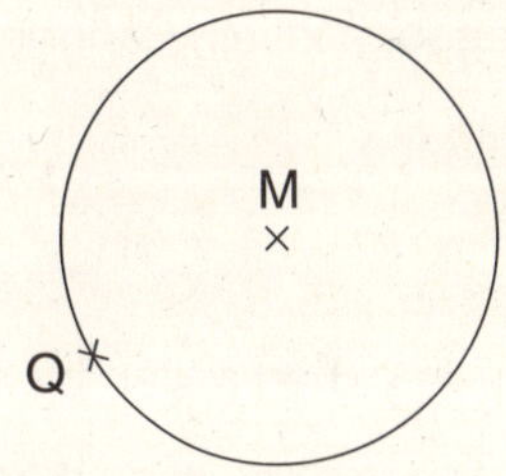

5 a) Zeichne in den Kreis um C eine Sehne $\overline{AB}$ ein, die so lang ist wie der Radius!
b) Gib die Größe der Innenwinkel des Dreiecks ABC an!

α = ______; β = ______; γ = ______

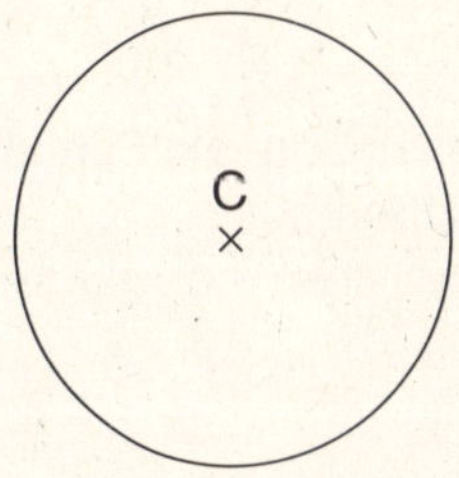

6 Begründe, weshalb die Mittelsenkrechte von $\overline{RS}$ durch den Mittelpunkt M des Kreises verläuft!

____

____

____

____

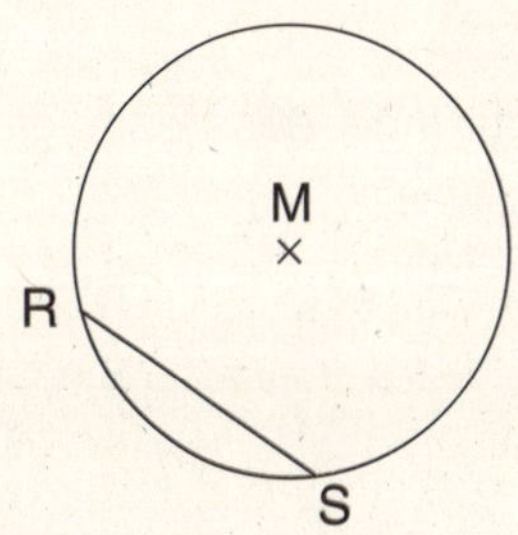

Lösungen

4. Man zeichnet $\overline{MQ}$ und dazu die Senkrechte in Q.

2.

Radius	8 cm	5,2 cm	2,5 cm	6 cm	3,5 cm	1,7 cm
Durchmesser	16 cm	10,4 cm	5 cm	12 cm	7 cm	3,4 cm

5. Jeder der drei Winkel ist 60° groß.

3. Der Kreis um Q mit dem Radius $\overline{QT_1}$ schneidet den Kreis im zweiten Berührungspunkt T_2.

6. Die Mittelsenkrechte von $\overline{RS}$ ist die Menge aller Punkte, die von R und S gleich weit entfernt ist. Wegen $\overline{MR} = \overline{MS} = r$ hat der Punkt M diese Eigenschaft.

1 Ermittle die fehlenden Innenwinkelgrößen!

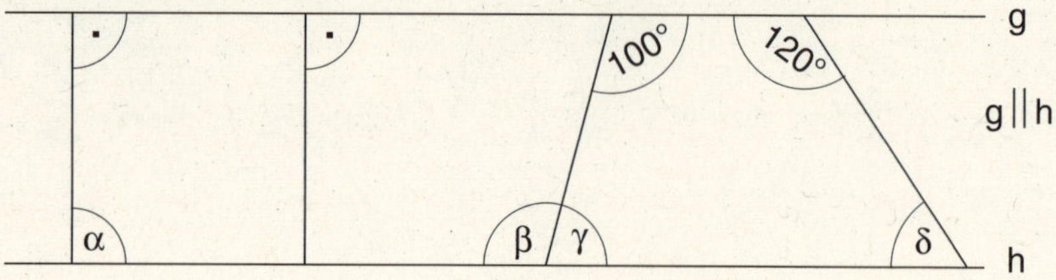

α = ____

β = ____

γ = ____

δ = ____

2 Wie groß ist die Innenwinkelsumme im Viereck? ______________

Die Eckpunkte des Vierecks ABCD liegen alle auf einem Kreis. Solche Vierecke nennt man Sehnenvierecke.

In Sehnenvierecken sind gegenüberliegende Winkel zusammen 180° groß.

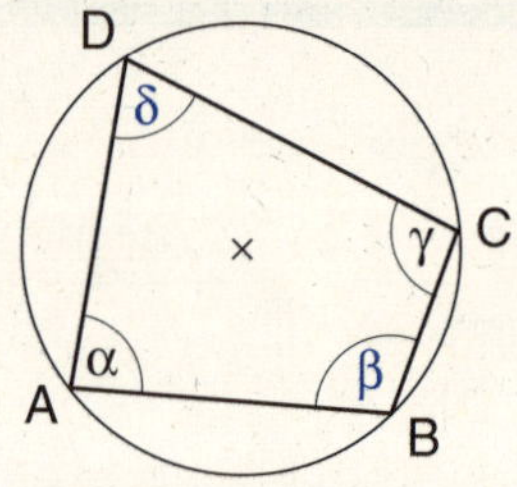

3 Gegeben ist ein Sehnenviereck ABCD.

Ergänze! ____ + ____ = 180°

____ + ____ = 180°

4 Die Angaben gelten für ein Sehnenviereck. Fülle die Tabelle aus!

α	72°	102°		
β	111°		52°	
γ			90°	120°
δ		64°		60°

5 Konstruiere ein Sehnenviereck ABCD mit folgenden Größen:
a = 3 cm; d = 4 cm
α = 70°; β = 90°

6 Begründe, dass jedes gleichschenklige Trapez ein Sehnenviereck ist!

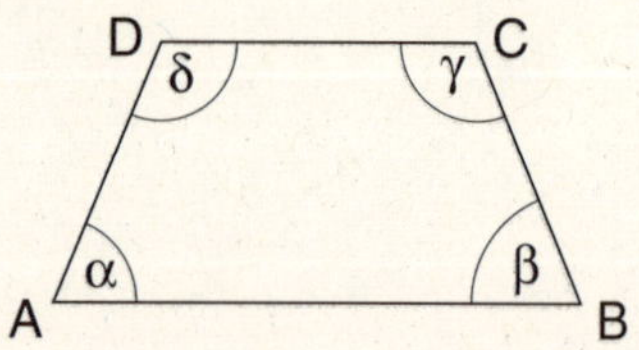

____

____

____

____

Lösungen

1. α = 90°; β = 100°; γ = 80°; δ = 60°   2. 360°

6. α = β und γ = δ; α + δ = 180° und β + γ = 180° ⇒ β + δ = 180°

3. α + γ = 180°; β + δ = 180°

4.

α	72°	102°	90°	60°
β	111°	116°	52°	120°
γ	108°	78°	90°	120°
δ	69°	64°	128°	60°

1 Ergänze zu rechtwinkligen Dreiecken!
Dabei soll gelten: $\beta = 90°$

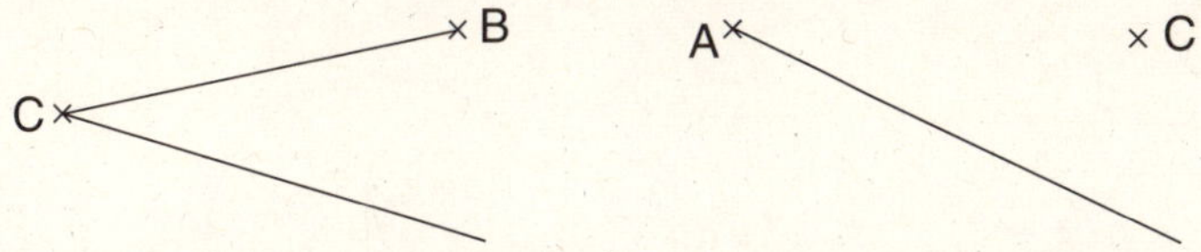

Satz des Thales

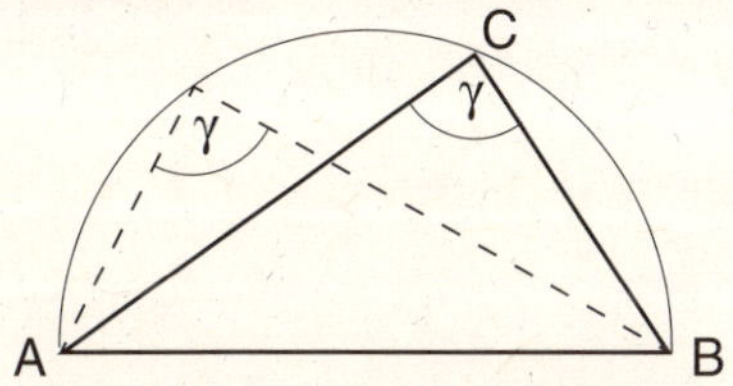

Wenn C auf dem Halbkreis über $\overline{AB}$ liegt, gilt $\gamma = 90°$.

Umkehrung

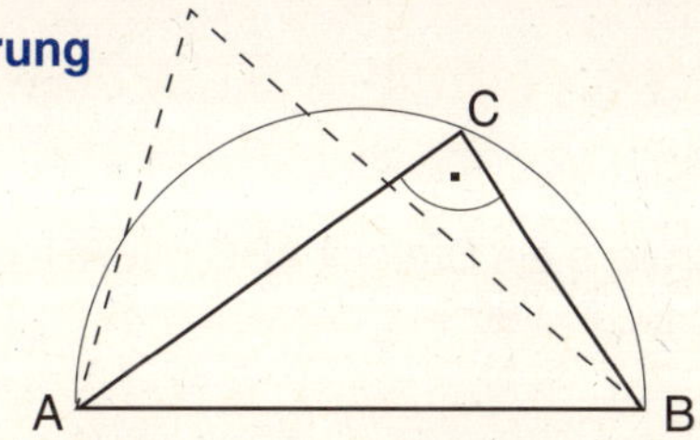

Wenn $\gamma = 90°$ gilt, liegt C auf dem Halbkreis über $\overline{AB}$.

2 Gib die gesuchten Winkelgrößen an!

a)

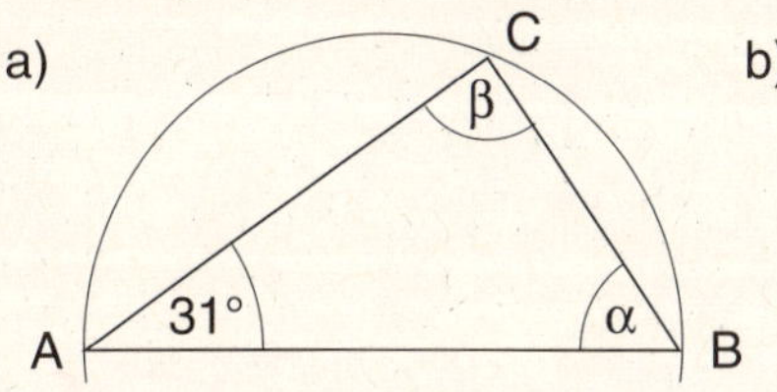

b)

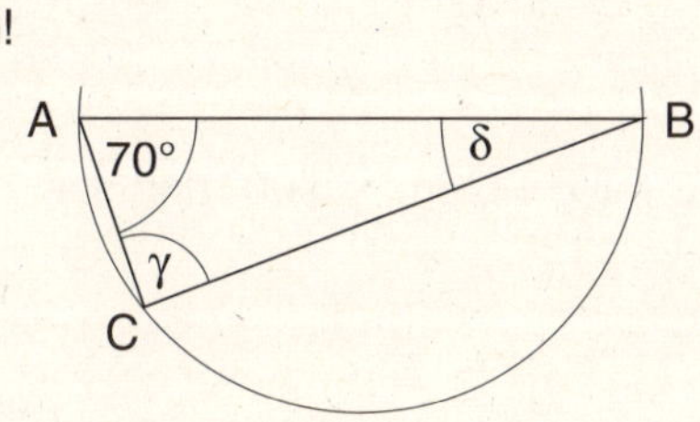

c)

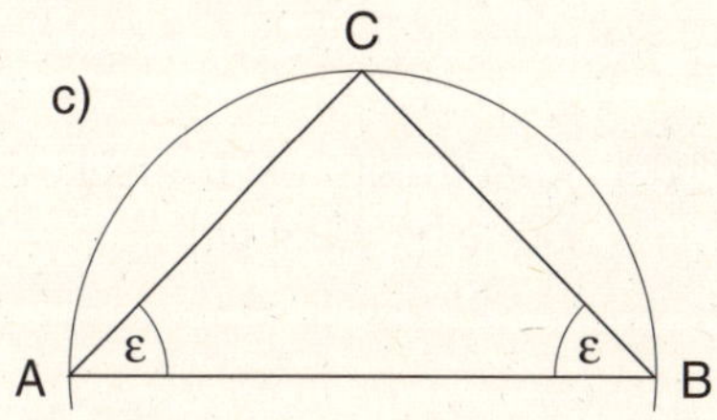

$\alpha =$ ____; $\beta =$ ____ $\gamma =$ ____; $\delta =$ ____ $\varepsilon =$ ____

3 In einem Dreieck ABC gilt $\overline{AB} = 6$ cm und $\gamma = 90°$.
Wie lang ist die Seitenhalbierende s_c des Dreiecks?
(siehe Abbildung!) Begründe!

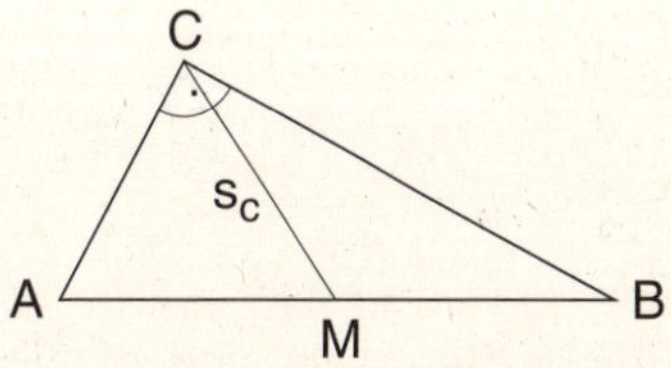

$s_c =$ ______ ________________________________

4 Berechne die Größen der angegebenen Winkel!

$\alpha =$ ____; $\beta =$ ____

$\gamma =$ ____; $\delta =$ ____

$\varepsilon =$ ____

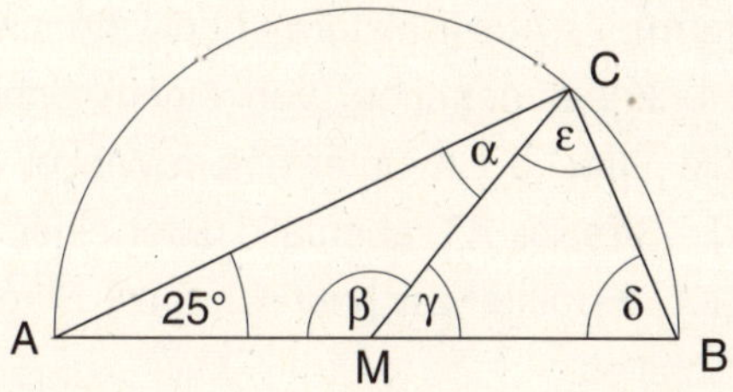

5 Konstruiere den Fußpunkt der Höhe h_c, ohne ein weiteres Blatt anzulegen!

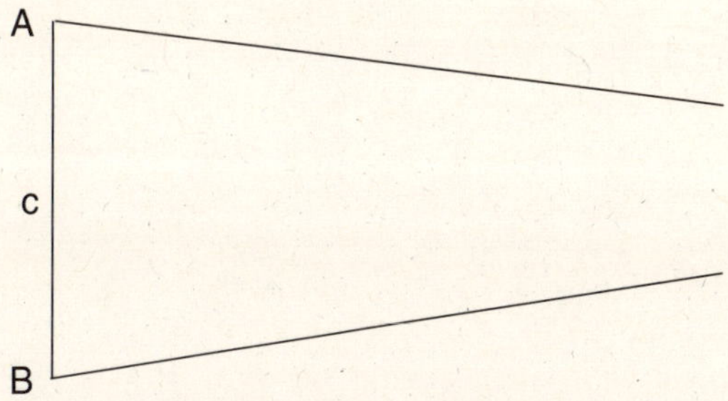

Lösungen

1. a) an B rechten Winkel antragen b) von C Lot auf Strahl, A und C verbinden
2. a) $\alpha = 59°$; $\beta = 90°$ b) $\gamma = 90°$; $\delta = 20°$ c) $\varepsilon = 45°$
3. $s_c = \overline{AB} : 2 = 3$ cm; Satz des Thales
4. $\alpha = 25°$; $\beta = 130°$; $\gamma = 50°$; $\delta = 65°$; $\varepsilon = 65°$
5. Konstruktion von h_a und h_b über Thaleskreis über $\overline{AB}$, h_c geht durch Schnittpunkt von h_a und h_b.

1 Konstruiere die Tangenten von P aus an den Kreis um M!

2 Konstruiere ein Dreieck ABC mit $\overline{AB} = 4{,}8$ cm, $\overline{BC} = 2{,}9$ cm und $\sphericalangle BCA = 90°$!

3 Konstruiere ein Dreieck ABC mit $c = 6$ cm, $\gamma = 90°$ und der Höhe $h_c = 2{,}4$ cm!

4 Auf einer Seekarte sind die Punkte L (Leuchtturm), A (Aussichtsturm) und T (trigonometrischer Punkt) eingetragen. Von einem Schiff erscheint die Strecke $\overline{LA}$ unter einem Winkel von 90° und die Strecke $\overline{AT}$ ebenfalls unter einem Winkel von 90°. Ermittle zeichnerisch den Standort dieses Schiffes!

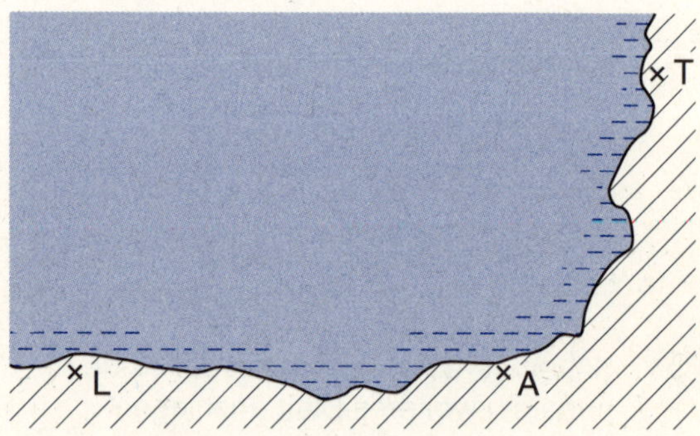

Lösungen

2. Der Halbkreis über $\overline{AB}$ und der Kreis um B mit dm Radius 2,9 cm schneiden einander in C. ($\overline{AC}$ ist 3,8 cm lang)
4. Man zeichnet die Halbkreise über $\overline{LA}$ und über $\overline{AT}$. Sie schneiden einander in dem gesuchten Punkt S.
1. Der Halbkreis über $\overline{PM}$ schneidet jeweils den Kreis in den Berührungspunkten der gesuchten Tangenten.
3. Die Parallele zu AB im Abstand 2,4 cm schneidet den Halbkreis über $\overline{AB}$ in zwei Punkten C_1 und C_2. Es gibt zwei Dreiecke, die die Bedingungen der Aufgabe erfüllen.

1 Stelle an einer Uhr folgende Winkel ein:

a) einen Winkel von 90°,
b) einen Winkel von 45°,
c) einen Winkel von 120°,
d) einen Winkel von 240°!

a) 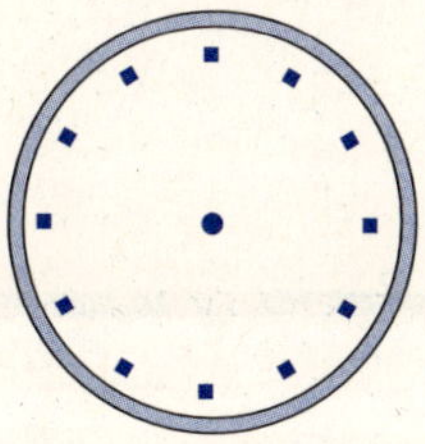
b) 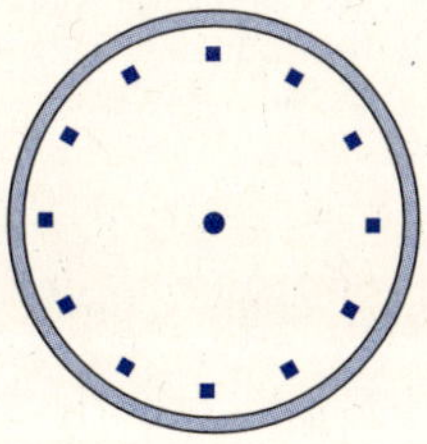
c) 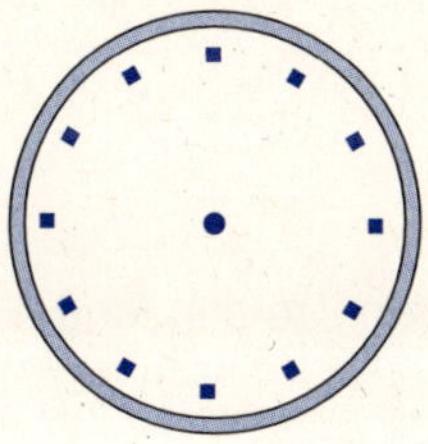
d) 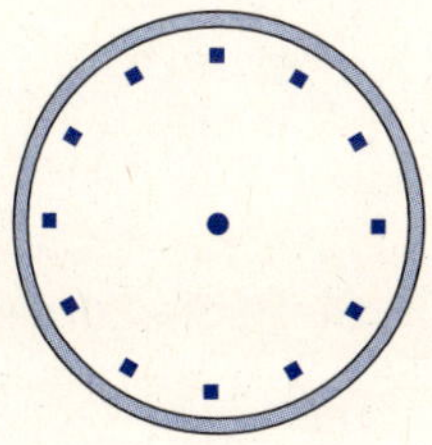

α ist ein Peripheriewinkel.
β ist der zugehörige Zentriwinkel (Mittelpunktswinkel).

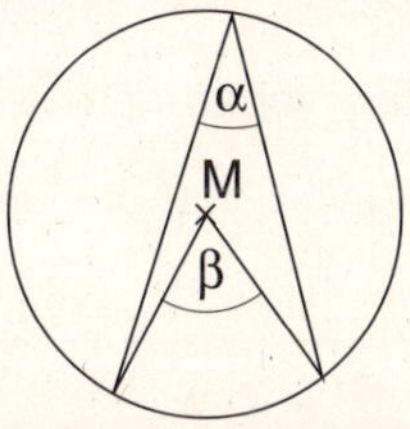

Alle Peripheriewinkel über dem gleichen Bogen sind gleich groß.

Der Zentriwinkel ist doppelt so groß wie ein Peripheriewinkel über dem gleichen Kreisbogen.

2 Berechne die fehlenden Winkelgrößen!
(Abbildung nicht maßstäblich)

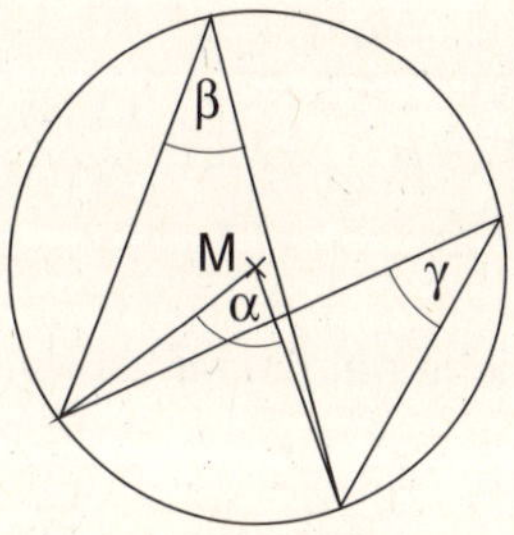

a) α = 68°
β = _____
γ = _____

b) α = _____
β = 62°
γ = _____

3 In der (nicht maßstäblichen) Abbildung ist t Tangente.
Berechne die Größen der folgenden Winkel!

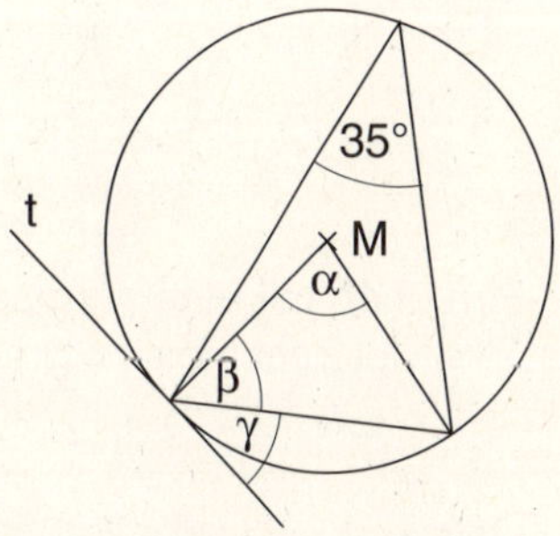

α = _____; β = _____; γ = _____

4 In der Abbildung gibt es Paare von Winkeln, die als Peripheriewinkel über dem gleichen Bogen gleich groß sind. Nenne solche Winkelpaare und gib den zugehörigen Kreisbogen an!

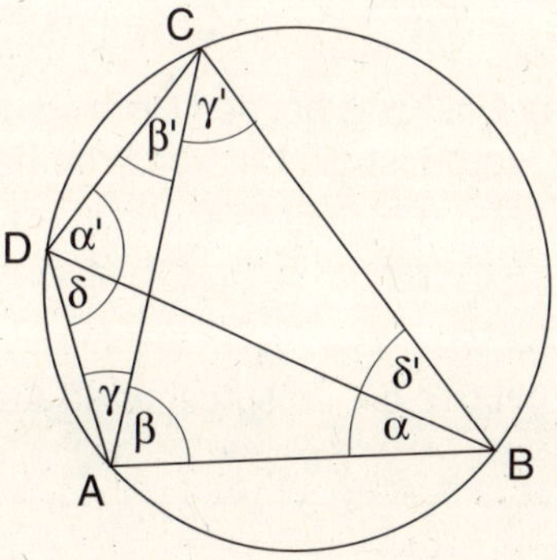

_____ = _____ Bogen: _____
_____ = _____ _____
_____ = _____ _____
_____ = _____ _____

Lösungen

1. z. B. a)  b)  c)  d) 

2. a) β = 34°; γ = 34° b) α = 124°; γ = 62°

3. α = 70°; β = 55°; γ = 35°

4. δ = γ' ($\overline{AB}$); α = β' ($\overline{AD}$); γ = δ' ($\overline{DC}$); β = α' ($\overline{CB}$)

1 Zeichne nach!

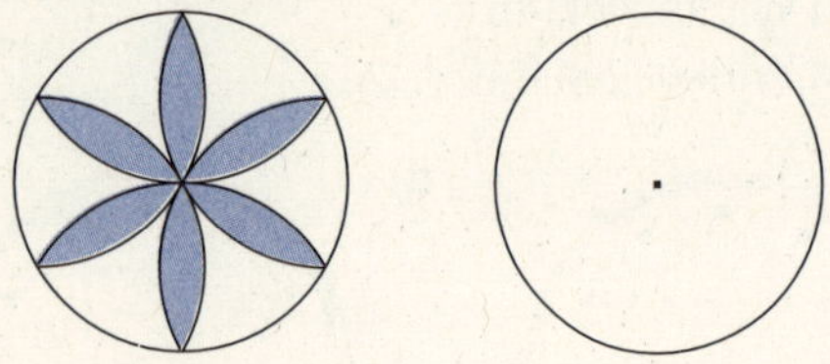

2 Stelle die Formeln für den Kreisumfang nach d bzw. nach r um!

d = ________; r = ________

> $u = \pi \cdot d = 2\pi r$
>
> $\pi = 3{,}1415927\ldots$

3 Schon im Altertum benutzte man für π den Näherungswert $\frac{22}{7}$. Berechne diese Zahl auf vier Dezimalstellen genau und ermittle die Abweichung von π (ebenfalls auf vier Dezimalstellen gerundet)!

$\frac{22}{7}$ = ____________________; π = ____________________; Differenz: ____________________

4 Ergänze die fehlenden Größen!

r	5 cm		8,6 cm	
d		14 cm		
u				2 cm

5 Welche der beiden Linien ist länger?

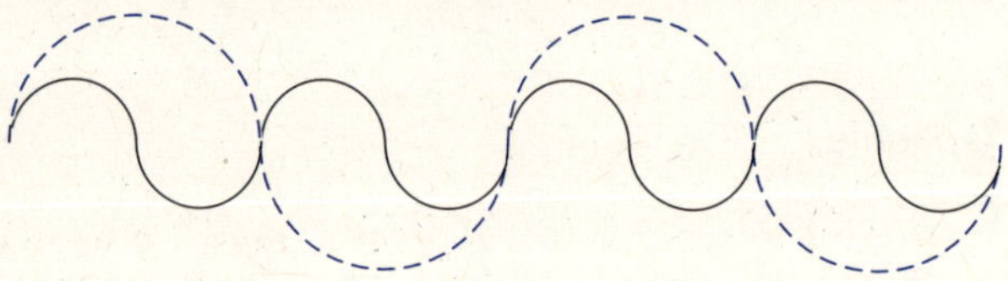

6 Vier Personen mit einer Armspannweite von jeweils 160 cm umfassen gerade den Stamm eines Baumes. Wie viel Zentimeter beträgt der Durchmesser dieses Baumes?

____

____

7 a) Ein Kreis hat den Umfang $u_1 = 5$ m. Der Umfang eines zweiten Kreises ist genau um 1 m länger. Wie groß ist die Differenz der beiden Durchmesser?

____

____

b) Löse die entsprechende Aufgabe für den Umfang $u_2 = 80$ m!

____

____

Lösungen

6. etwa 2 m

4.

r	5 cm	7 cm	8,6 cm	0,32 m
d	10 cm	14 cm	17,2 cm	0,64 cm
u	31,4 cm	44,0 cm	54,0 cm	2 m

2. $d = \frac{u}{\pi}$; $r = \frac{u}{2\pi}$

7. Die Differenz ist in beiden Fällen gleich. (1m : π = 0,32 m)

3. 22 : 7 = 3,1429; Differenz: 0,0013

5. Beide sind gleich lang (4π cm)

1 Berechne den Flächeninhalt der Kreise!

a) r = 10 cm b) r = 4,5 cm

c) d = 0,2 m d) d = 2,4 m

a) ______________________

b) ______________________

c) ______________________

d) ______________________

Flächeninhalt eines Kreises:

$A = \pi r^2$

$A = \frac{\pi}{4} d^2$

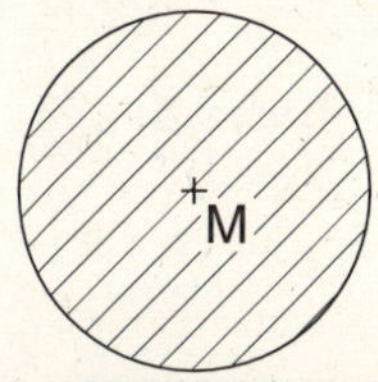

2 Vervollständige zu einer wahren Aussage!
Wird der Radius eines Kreises verdoppelt, so ______________ sich der Flächeninhalt des Kreises.

3 Stelle die Formel $A = \frac{\pi}{4} d^2$ nach d um! ______________________

4 In einem Möbelgeschäft werden kreisrunde Tische mit Durchmessern von 70 cm und von 75 cm angeboten. Um wie viel Quadratzentimeter unterscheiden sich die Tischflächen?

____

____

____

5 Wie groß ist die schraffierte Fläche?

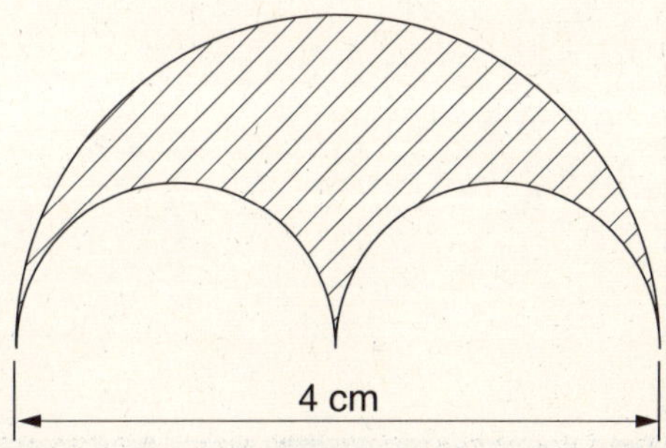

____

____

____

____

6 Aus einer quadratischen Platte wird die größtmögliche Kreisfläche herausgeschnitten. Wie viel Prozent beträgt der Abfall?

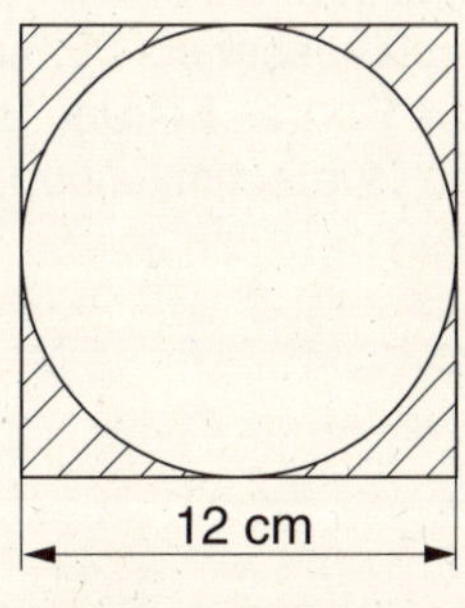

____

____

____

____

Lösungen

6. 21,5 % 2. vervierfacht 4. ca. 600 cm² (570 cm²)

1. a) 314 cm² b) 63,6 cm² c) 314 cm² d) 4,52 m²

3. $d = \sqrt{\frac{4A}{\pi}}$ 5. 3,14 cm², die Hälfte des gesamten Halbkreises

Länge des Kreisbogens

$b = u \cdot \frac{\alpha}{360°}$

$b = \pi \cdot d \cdot \frac{\alpha}{360°}$

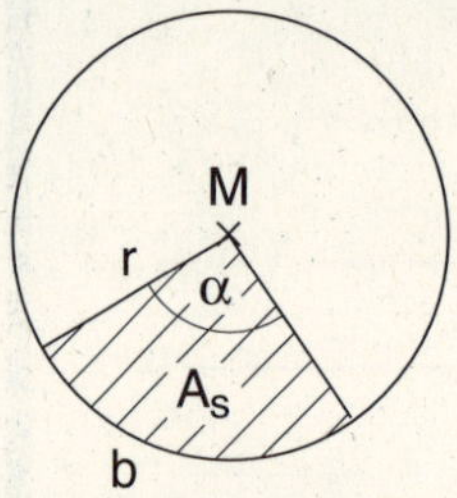

Fläche des Kreissektors

$A_s = \pi \cdot r^2 \cdot \frac{\alpha}{360°}$

$A_s = \frac{\pi}{4} \cdot d^2 \cdot \frac{\alpha}{360°}$

1 Berechne die Länge des Kreisbogens und den Flächeninhalt des Kreissektors!

a) $d = 20$ cm; $\alpha = 108°$

b) $r = 12$ cm; $\alpha = 50°$

2 Für welchen Zentriwinkel gilt:

a) Die zugehörige Sehne ist so lang wie der Radius,

b) der zugehörige Kreisbogen ist so lang wie der Radius?

Die schraffierte Fläche wird als Kreisring bezeichnet. Ihr Flächeninhalt ergibt sich als Differenz zweier Kreisflächen.

$A_R = \pi r_a^2 - \pi r_i^2 = \pi(r_a^2 - r_i^2)$

$A_R = \pi(r_a + r_i)(r_a - r_i)$

$A_R = \frac{\pi}{4}(d_a + d_i)(d_a - d_i)$

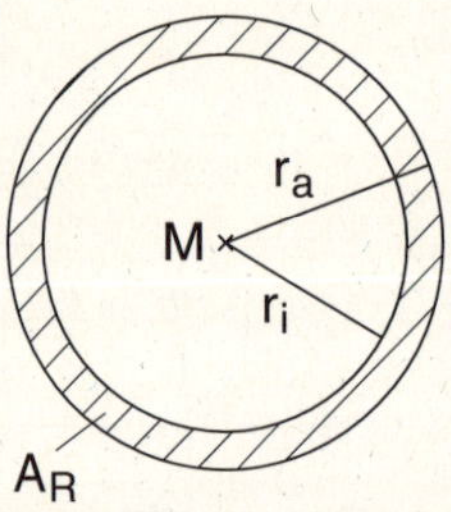

3 Berechne den Flächeninhalt eines Kreisringes mit dem Außendurchmesser $d_a = 8{,}5$ cm und dem Innendurchmesser $d_i = 7{,}5$ cm!

4 Der Querschnitt eines Rohres ist ein Kreisring. Sein Außendurchmesser sei 26,5 mm, die Wandstärke des Rohres betrage 2,5 mm. Wie groß ist die Querschnittsfläche?

5 ! Wievielmal so groß wie die Fläche des inneren Kreises ist die Fläche des Kreisringes?

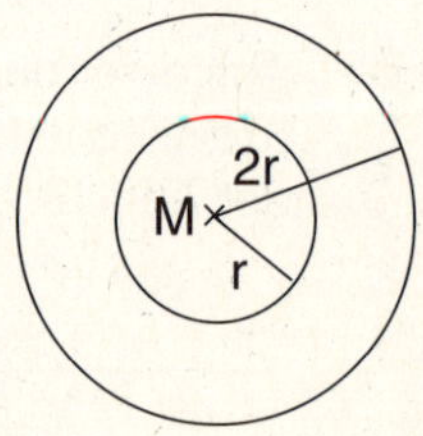

Lösungen

3. 12,6 cm² (4π) 2. a) 60° b) 57,3° ($\frac{180°}{\pi}$)
5. dreimal so groß 4. 188,5 mm² (60π)
1. a) 18,8 cm (6π); 94,2 cm² (30π) b) 10,5 cm ($\frac{10}{3}\pi$); 62,8 cm² (20π)

1 Setze die Muster fort!

a)

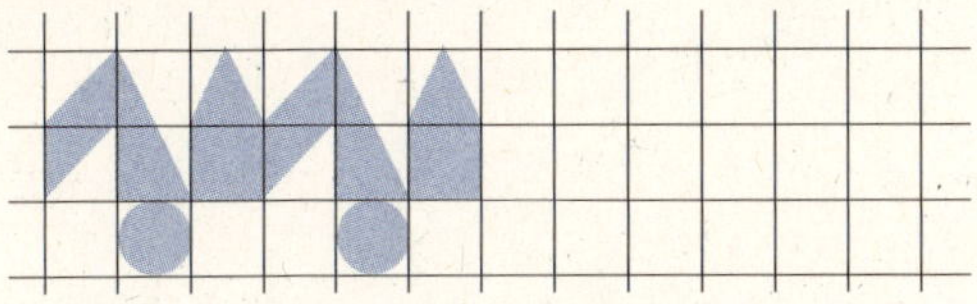

b)

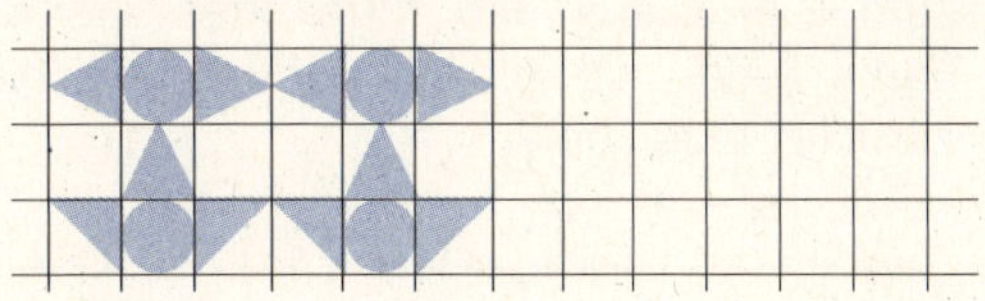

2 Entscheide, ob die Aussagen wahr (w) oder falsch (f) sind!

a) Der Durchmesser eines Kreises ist eine Sehne. ________

b) Verdoppelt man den Radius, verdoppelt sich die Kreisfläche. ________

c) Es gibt Parallelogramme, die Sehnenvierecke sind. ________

d) Der Mittelpunkt eines Kreises liegt auf dem Kreis. ________

3 a) Zeichne einen Kreis um M mit dem Radius 1,5 cm! Trage darin zwei Radien $\overline{MP}$ und $\overline{MQ}$ ein, die miteinander einen Winkel von 100° bilden!

b) Konstruiere in P und Q die Tangenten an den Kreis! Wie groß ist ihr Schnittwinkel β?

β = ________

4 $\overline{AB}$ und $\overline{CD}$ sind Durchmesser eines Kreises um M. Beweise, dass die Sehnen $\overline{AD}$ und $\overline{DB}$ die gleiche Länge haben!

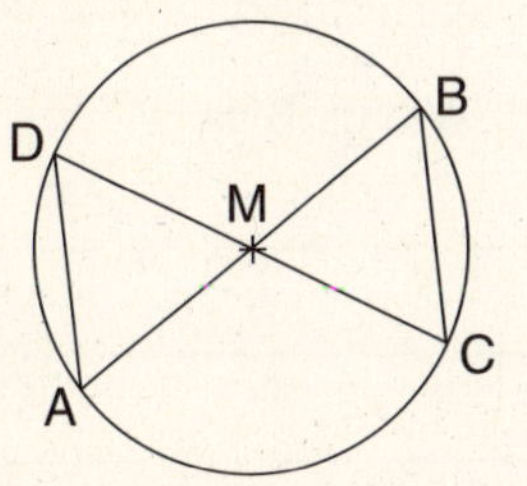

5 Zeichne alle Kreise mit dem Radius 1,5 cm, die die Gerade g im Punkt P berühren!

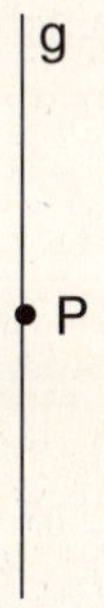

Lösungen

3. $\beta = 80°$
4. zwei Radien und Scheitelwinkel
$\triangle AMD \cong \triangle CBM$ nach sws

2. a) w b) f c) w d) f
5. Zwei Kreise, deren Mittelpunkte auf dem Lot zu g in P liegen.

6 Bernd, Dieter und Eddy tragen einen Wettlauf zum Ziel Z aus. Wo muss das Ziel Z liegen, damit jeder die gleiche Entfernung bis zu Z zurückzulegen hat?

____

____

7 Entscheide, ob ein Sehnenviereck vorliegt! Begründe deine Entscheidung!

a) α = 35°; γ = 145° ______________________________

b) β = 66°; δ = 120° ______________________________

c) α = 116°; β = 64° ______________________________

8 Zeichne ein gleichschenkliges Dreieck ABC mit der Basis $\overline{AB}$ = 3,5 cm und Basiswinkeln von 32°! Schlage um C den Kreis mit dem Radius $\overline{AC}$! Wähle auf dem größeren Kreisbogen einen Punkt P und auf dem kleineren Bogen einen Punkt Q! Berechne folgende Winkelgrößen:

∢BPA = _______; ∢AQB = _______.

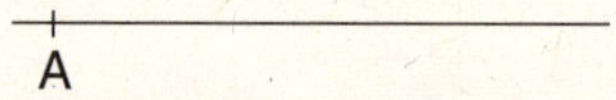

9 Ein Kreis hat einen Umfang von a cm und einen Flächeninhalt von a cm². Wie groß ist a?

____

____

____

10 Konstruiere die drei Höhen des Dreiecks ABC nur mithilfe von Zirkel und Lineal (d.h. ohne Zeichendreieck und Winkelmesser)! Hinweis: Überlege, wo die Fußpunkte der Höhen liegen müssen!

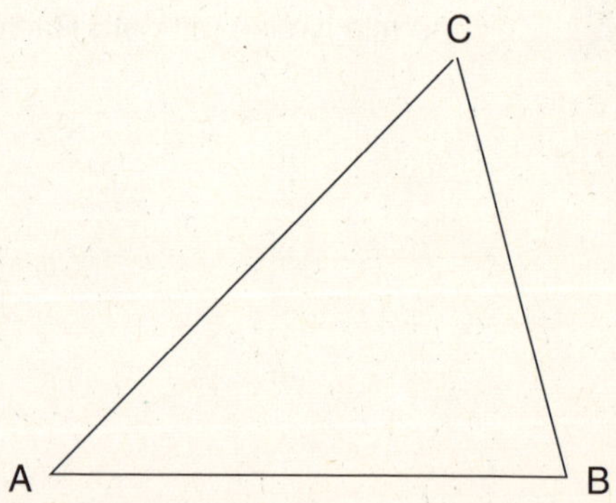

Lösungen

9. a = 2   8. ∢BPA = 58°; ∢AQB = 122°

7. a) ja, $\alpha + \gamma = 180°$ b) nein, $\beta + \delta \neq 180°$ c) nicht entscheidbar

6. Z (Ziel) ist der Mittelpunkt des Umkreises vom Dreieck EDB.

10. Halbkreis über $\overline{AB}$ schneidet a und b in den Fußpunkten von h_b und h_a.

1 Streiche bei jedem Körper die Figuren durch, die nicht Schatten sein können! Entscheide erst, dann prüfe, indem du die Körper ins Sonnenlicht hältst und drehst!

a)

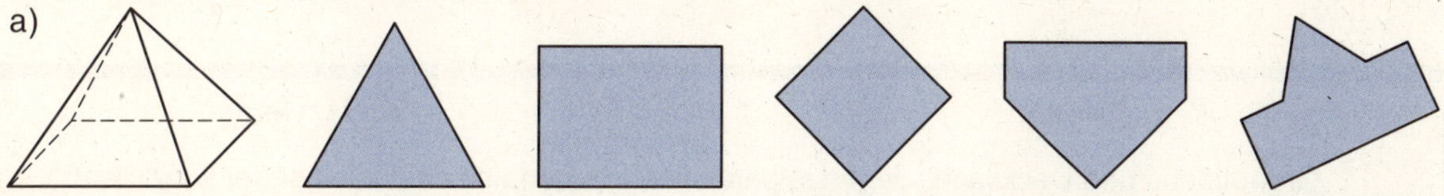

b)

c)

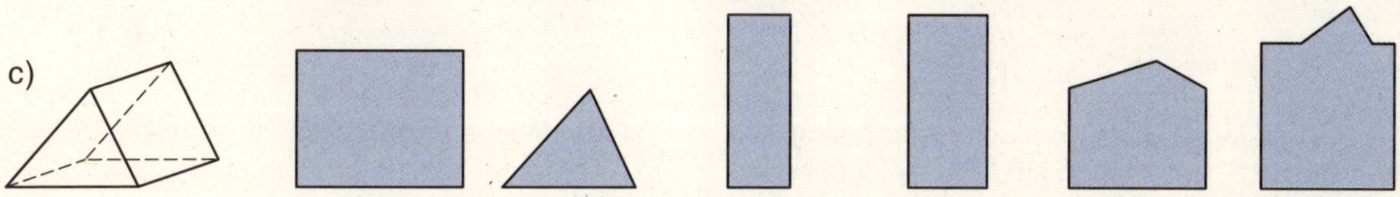

d)

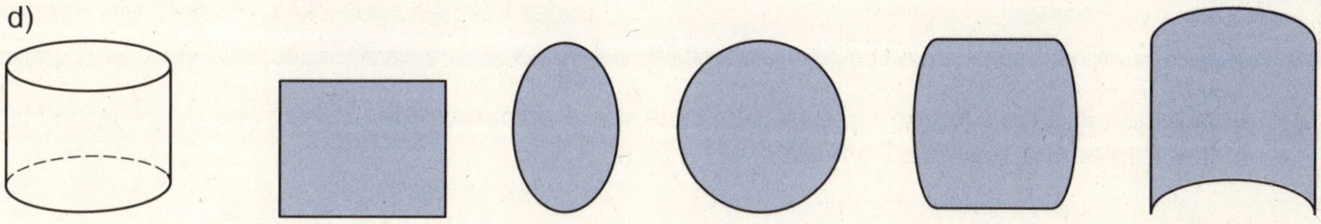

2 Es fehlt stets ein Teil zum vollständigen Körpernetz. Zeichne es! Anschließend zeichne passend Klebefalze an die Körpernetze! Markiere aneinander stoßende Kanten gleichfarbig!

Lösungen

1. a) die letzte Figur b) die zweite Figur c) die letzte Figur d) die zweite und die letzte Figur

2.

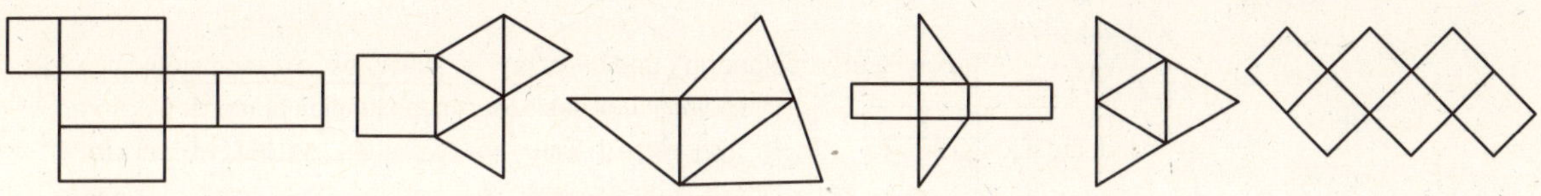

1 Welche der folgenden Körper sind keine Prismen oder Zylinder? Unterstreiche!

Streichholzschachtel, Flasche, Tetrapack, Puderdose, Ziegelstein, unangespitzter Bleistift, Ball, Schultüte

Prisma | **Kreiszylinder**

Grundfläche und Deckfläche liegen in parallelen Ebenen und sind zueinander kongruent.

gerade schief | gerade schief

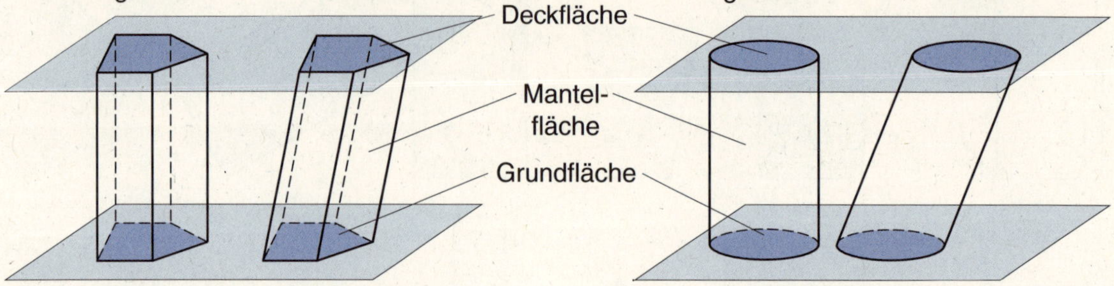

Grundfläche und Deckfläche sind n-Ecke.
Die n Seitenflächen sind Parallelogramme.
Alle Seitenflächen bilden zusammen den Mantel des Prismas.

Grundfläche und Deckfläche sind Kreise.
Der Mantel ist eine gekrümmte Fläche.
Wird der Mantel des geraden Kreiszylinders in der Ebene abgewickelt, entsteht ein Rechteck.

2 Vervollständige die Figuren so, dass es Netze von Prismen werden! Übertrage die fertigen Netze auf festes Papier und baue die Prismen!

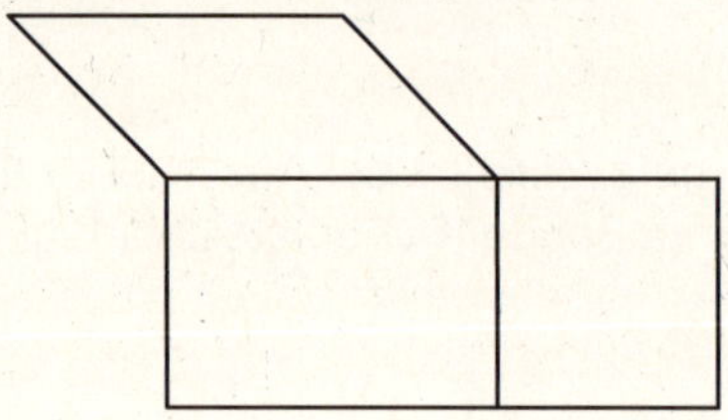

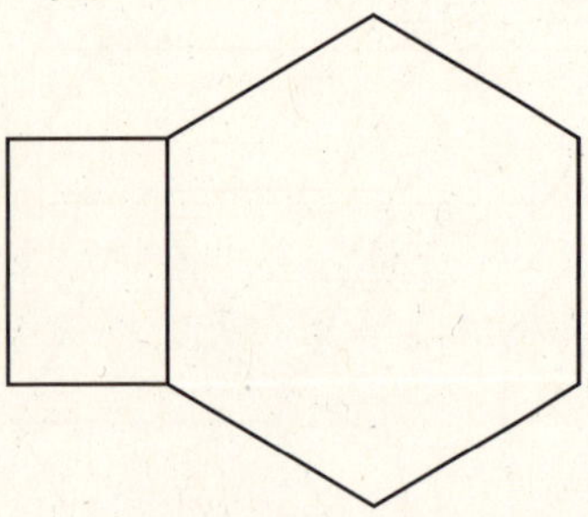

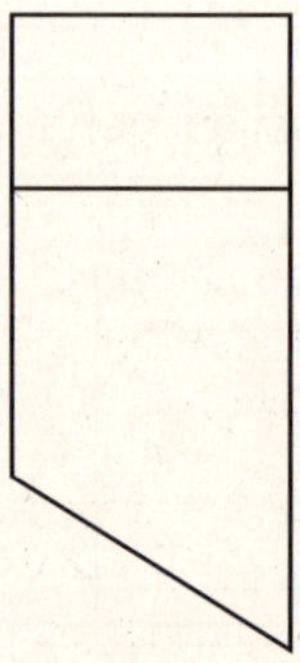

Lösungen

1. Flasche, Ball, Schultüte

2.

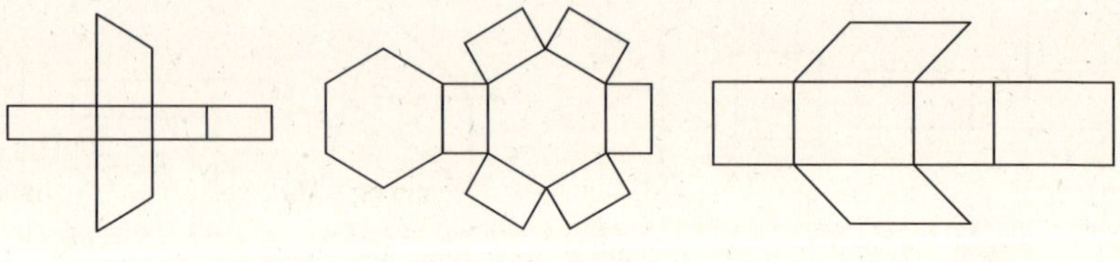

3 a) Kreuze erst an, welche Figuren Mantel eines geraden Kreiszylinders sein können! Zeichne dann die Figuren auf Papier, schneide sie aus und probiere, ob es ein Zylindermantel wird!

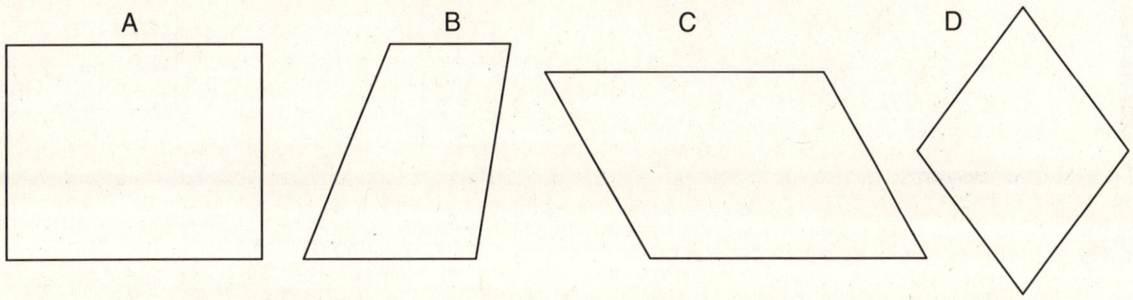

b) Zeichne zu jedem Zylindermantel eine passende Grundfläche! Berechne deren Flächeninhalt! Runde beim Rechnen sinnvoll!

____

____

____

____

4 Vervollständige zum Netz eines 7 cm hohen Zylinders! Wie groß ist die Mantelfläche des Zylinders?

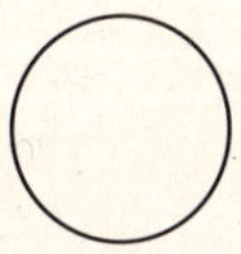

5 Kreuze alle Abbildungen an, die kein Netz eines Prismas sind! Markiere die Stellen, an denen du das erkennst!

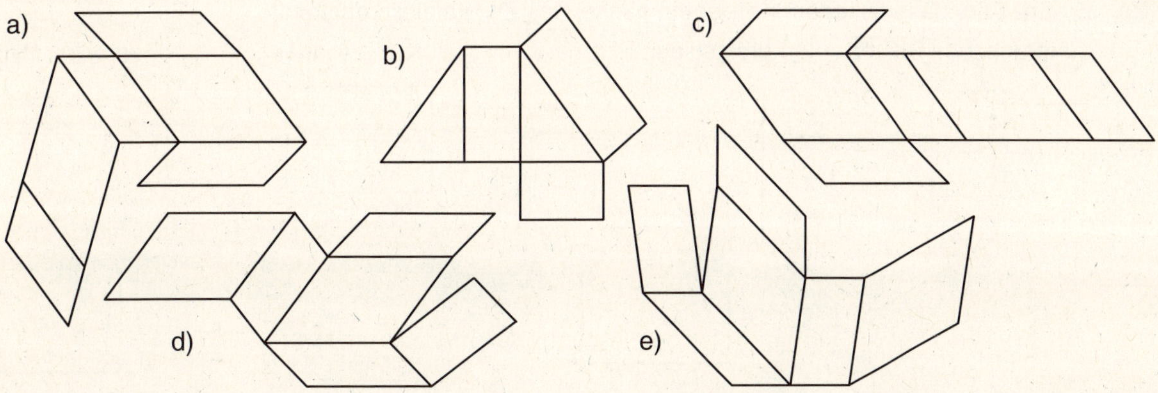

Lösungen

5. c) und d) sind keine Netze von Prismen. 4. $A_M \approx 33\ cm^2$

3. A und C 95 mm² oder 64 mm²; D 50 mm²

Schrägbild

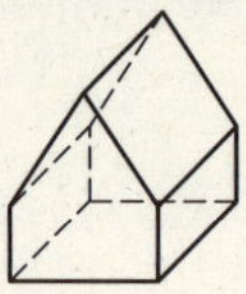

Zweitafelbilder

Aufriss

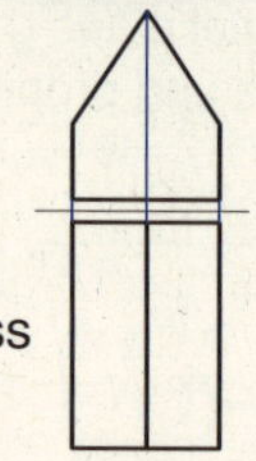

Grundriss

Aufriss

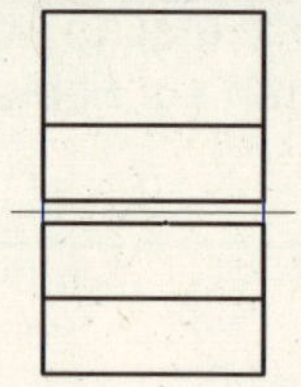

Grundriss

1 Schreibe jeweils auf, welcher Körper im Zweitafelbild dargestellt ist!

a)

b)

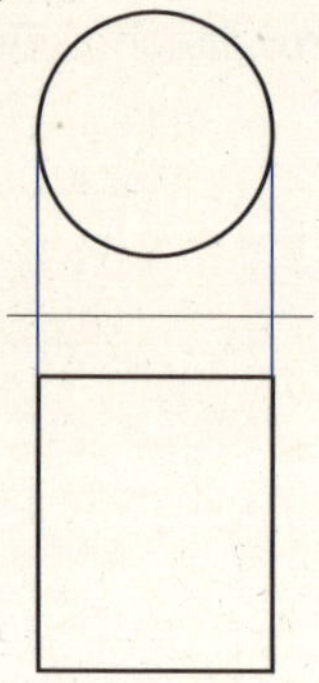

c)

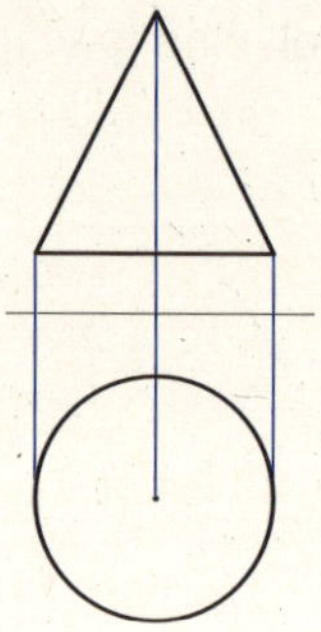

d)

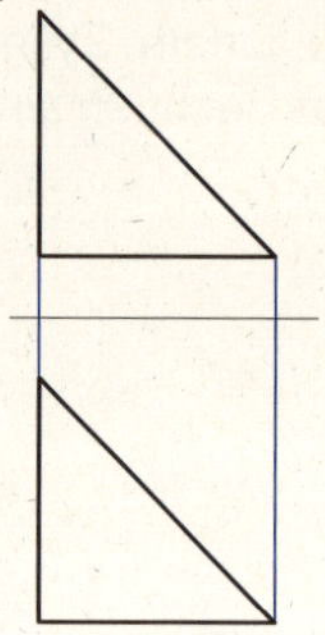

e)

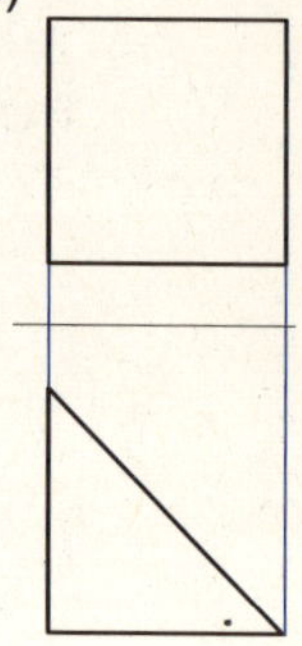

f)

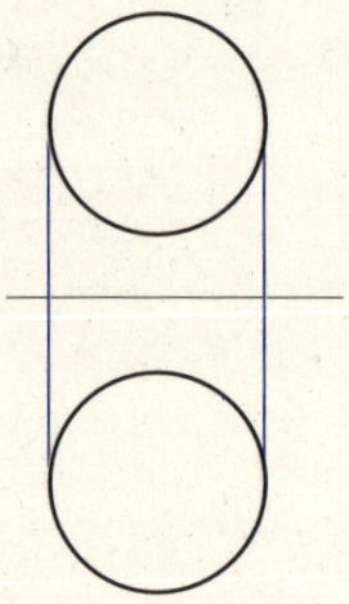

g)

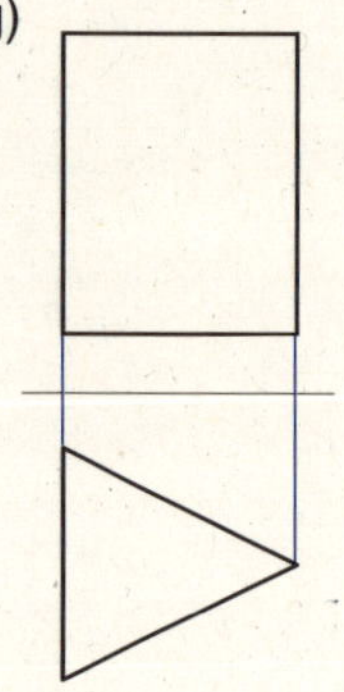

h)

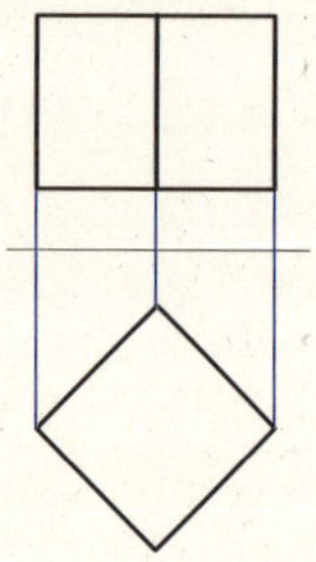

i)

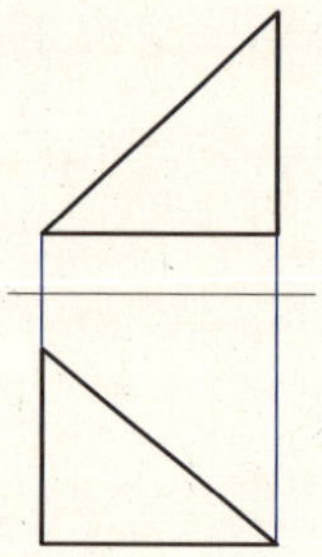

k)

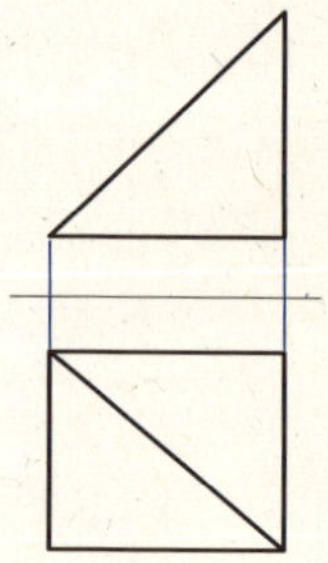

2 Ergänze so, dass zu jedem Körper ein passendes Zweitafelbild entsteht!

quadratisches Prisma

dreiseitiges Prisma

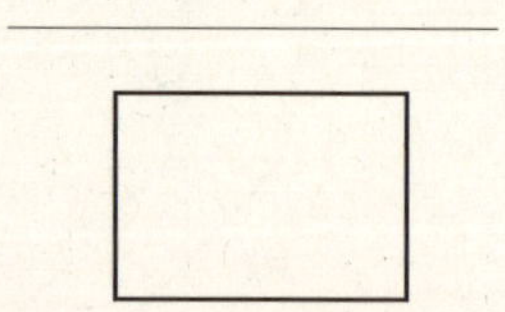

Kreiszylinder

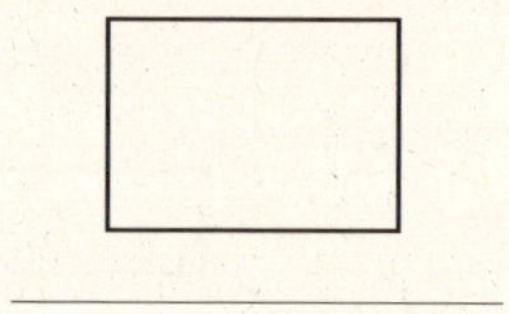

vierseitige Pyramide

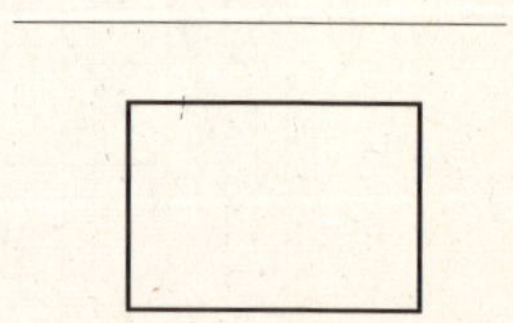

Lösungen

1. a) Prisma b) Kreiszylinder c) Kegel d) Pyramide e) Prisma f) Kugel g) Prisma h) Würfel
i) Pyramide k) Pyramide

2.

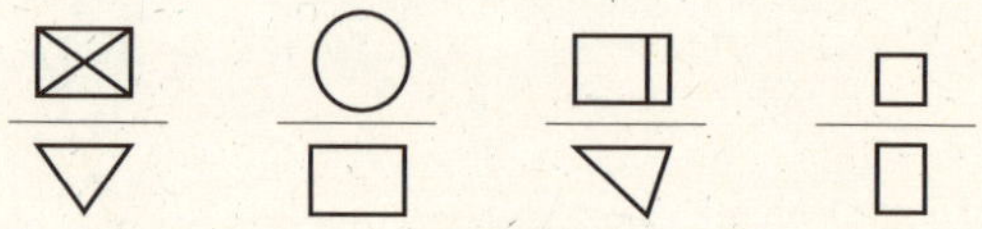

3 a) Skizziere passende Schrägbilder zu diesem aus zwei Prismen zusammengesetzten Körper!

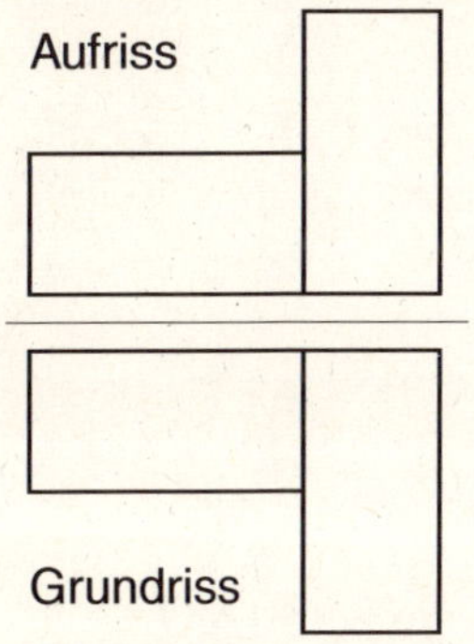

b) Berechne die Volumina!

Die Maße entnimm der Zeichnung!

4 Hier werden Kegel, Prisma, Zylinder und Pyramide dargestellt. Zeichne den jeweils fehlenden Riss! Skizziere das passende Schrägbild!

a)

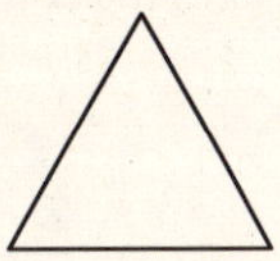

b)

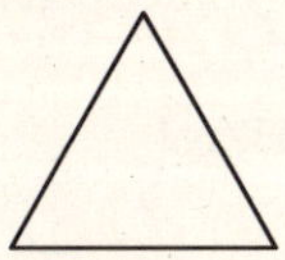

c)

d)

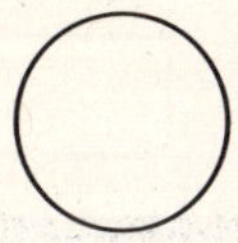

Schrägbild

Schrägbild

Schrägbild

Schrägbild

5 Um ein möglichst genaues Schrägbild eines Kreises zu erhalten, zeichnet man recht viele zu einem Durchmesser senkrechte Sehnen (A). Dazu zeichnet man Geraden im Winkel von 45° (B). Auf diesen Geraden wird ein Viertel der Sehnenlänge nach beiden Seiten abgetragen (C).
Verbindet man die entstehenden Punkte, so entsteht eine Ellipse (D). Sie ist ein Schrägbild des Kreises.
Zeichne das Schrägbild des Kreises mit Radius 10 cm auf einem gesonderten Blatt!

(A)

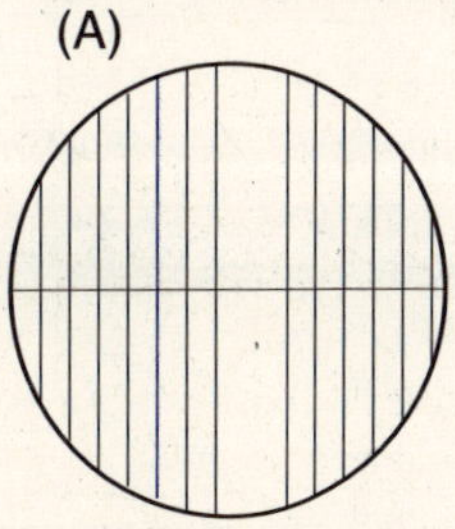

(B)

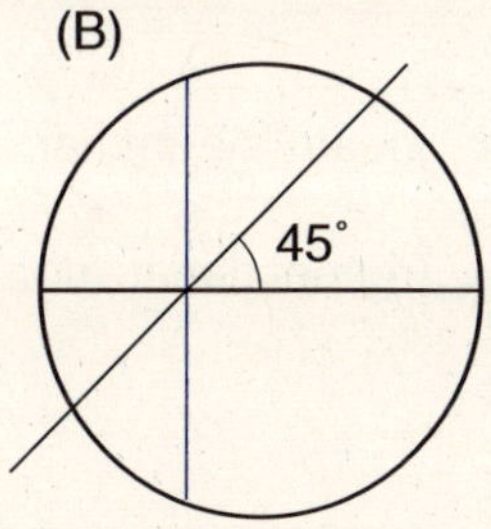

(C)

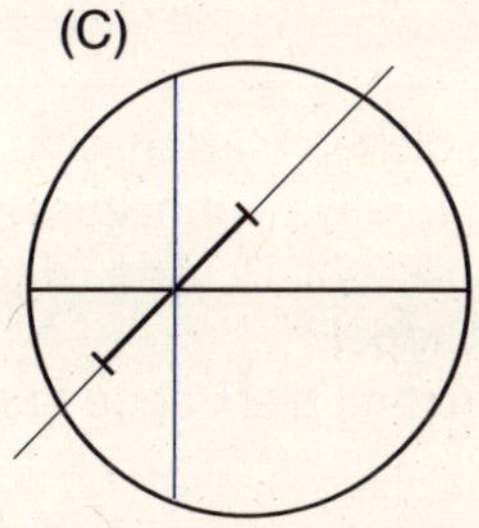

(D)

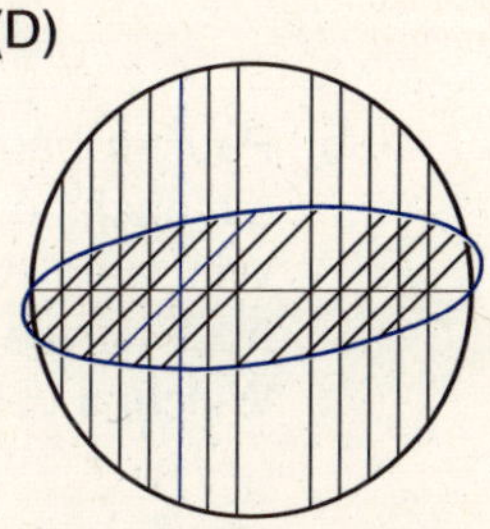

Lösungen

3. b) vier mögliche Lösungen aus quadratischen und dreiseitigen Prismen zusammengesetzte Körper, V = 3 (4; 5; 6) cm³

4.

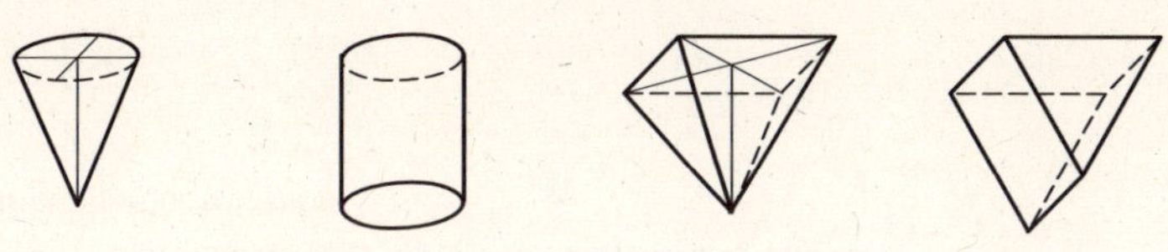

1 Ein Würfel wird in Länge und Breite verdoppelt.

a) Was für ein Körper entsteht? ____________
Zeichne ihn im Schrägbild!

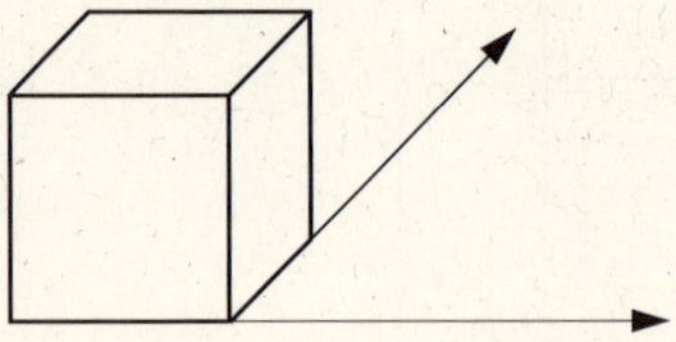

b) Kreuze an, welche Antworten richtig sind!

Wie groß ist das Volumen des neuen Körpers?

○ Pauline: „Das Volumen des neuen Körpers ist doppelt so groß wie das Volumen des Würfels.“
○ Tom: „Nein, es ist das Dreifache des Ausgangswürfels!“
○ Susanne: „Das Volumen ist viermal so groß wie vorher!“

c) Wie viel Papier braucht man, um die Oberfläche des neuen Quaders zu bekleben?

○ Pauline: „Ist doch klar, man braucht mehr als doppelt so viel wie beim Würfel!“
○ Tom: „Ich denke, es ist weniger als das Dreifache!“
○ Susanne: „Sicherlich braucht man auch das Vierfache!“

2 Das Volumen eines Quaders soll verdoppelt werden. Wie kann man das erreichen?

○ Tom: „Man macht den Quader doppelt so hoch!“
○ Susanne: „Ganz einfach, indem man seine Breite verdoppelt und ihn halb so hoch macht!“
○ Pauline: „Es reicht, seine Länge zu verdoppeln!“

Kreuze an, wem du zustimmst! Begründe mit einer Skizze!

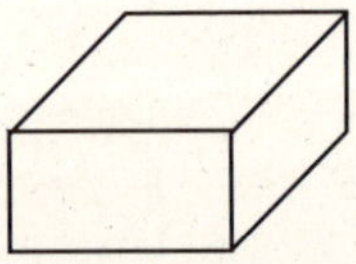

Gerades Prisma

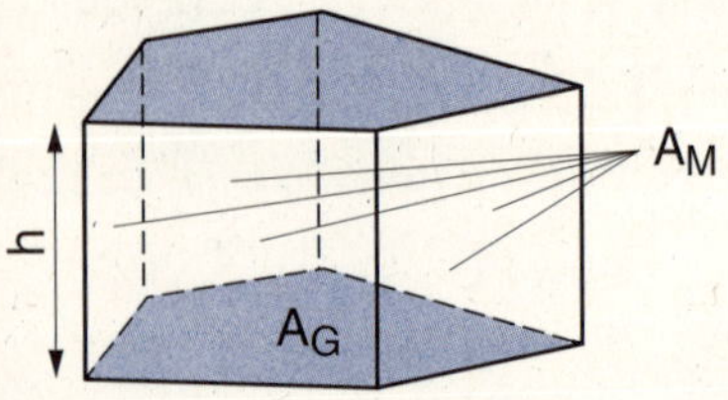

$V = A_G \cdot h$

$A_O = 2 \cdot A_G + A_M$

mit $A_M = u \cdot h$ und
u – Umfang der Grundfläche

Gerader Kreiszylinder

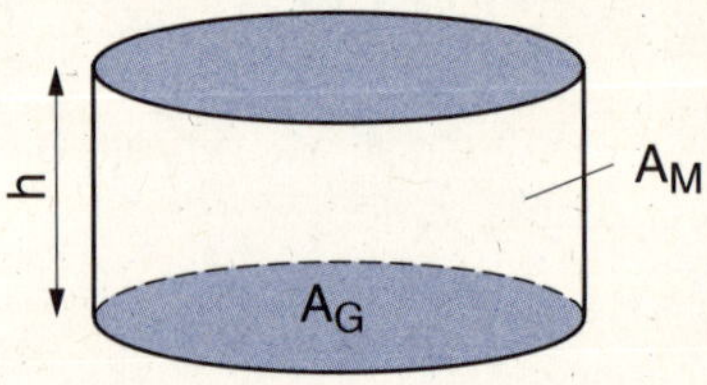

3 Tom stapelt 32 Spielkarten, die 1 mm dick sind, genau übereinander zu einem Turm. Die Karten sind jeweils 6 cm breit und 9 cm lang.

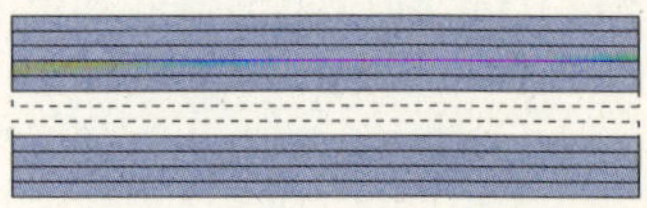

a) Welches Volumen nimmt der Turm ein?

____

____

b) Pauline baut aus solchen Karten eine Treppe, indem sie immer die nächste Karte um etwa 1 mm zur Seite legt.
Wie viele Karten braucht Pauline, damit ihre Treppe genau so hoch ist wie Toms Stapel?
Welches Volumen nimmt die Treppe dann ein?

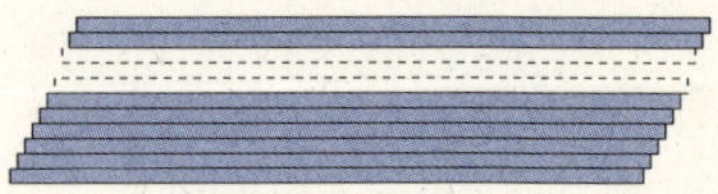

____

Lösungen

2. Tom und Pauline 1. a) Quader b) Susanne c) Pauline und Tom
3. a) V ≈ 173 cm^3 b) ebenfalls 32 Karten, gleiches Volumen

4 Aus einem Kantholz mit quadratischem Querschnitt soll das größtmögliche Rundholz hergestellt werden. Wie groß ist der Abfall, wenn das Kantholz 2 m lang ist und die Grundfläche 5 cm lange Seiten hat?

Skizze:

Rechnung:

5 Kreuze von den gegebenen Kreiszylindern den mit dem größten Volumen an! Markiere Zylinder mit gleichem Volumen gleichfarbig!

a) b) c) d) e) f) g) h)

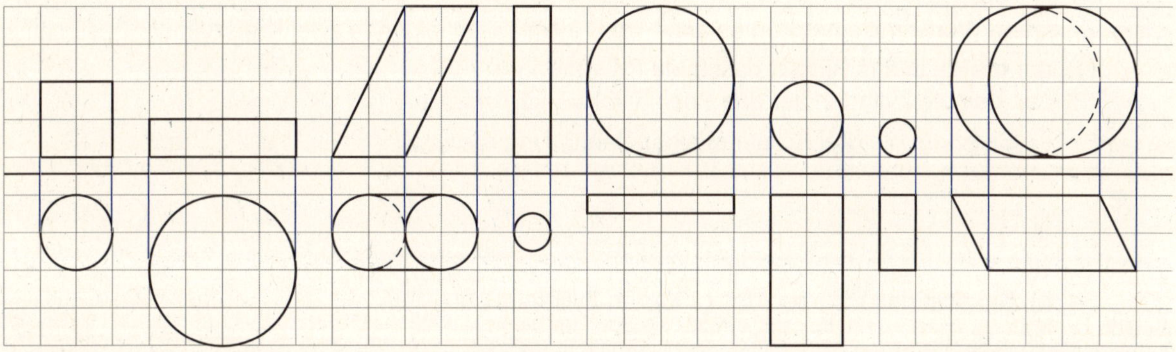

6 Ein Quader (2 cm breit, 3 cm lang und 1 cm hoch) soll mit einem geraden Schnitt in zwei gleiche Teilstücke zerlegt werden.

a) Finde neben der in der Skizze dargestellten Möglichkeit weitere, bei denen die Teilstücke Quader sind! Skizziere deine Lösungen!

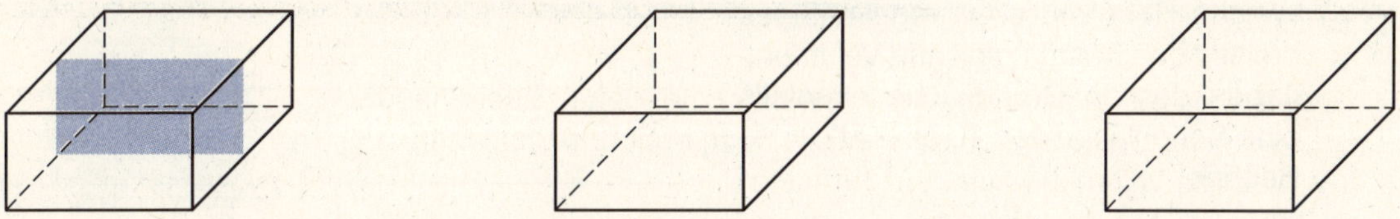

b) Man kann den Quader auch so zerschneiden, dass die zwei gleichen Teile Prismen, aber keine Quader sind. Finde und skizziere solche Lösungen!

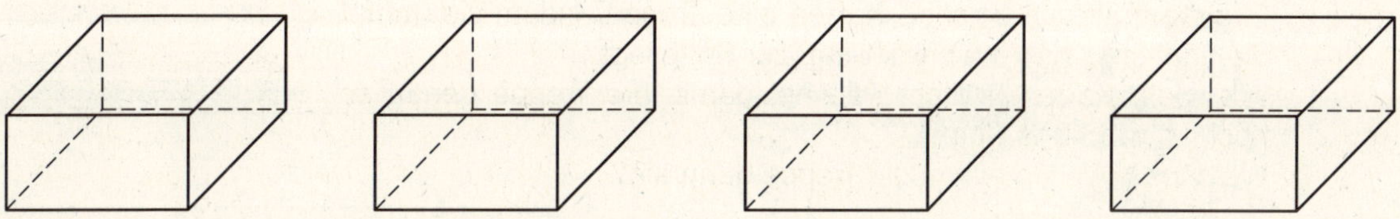

Lösungen

4. Abfall: 1075 cm³

5. größtes Volumen: h)

gleiches Volumen: b); c); f)

6. a)

b)

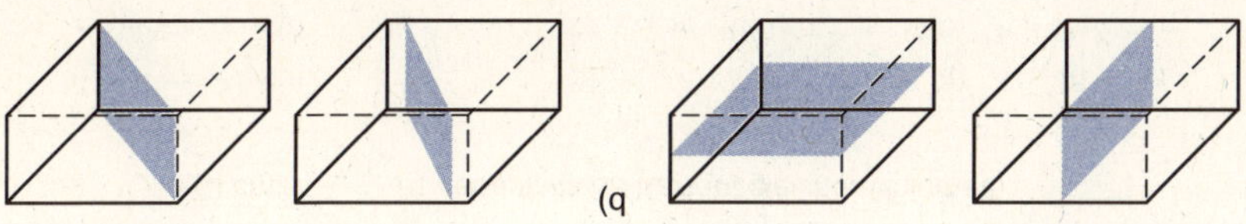

7 Zu einem Würfel mit einer Kantenlänge von 10 cm soll ein Würfel mit dem doppelten Volumen gebaut werden. Wie lang müssen seine Kanten ungefähr sein? Schätze, probiere und überlege!

a (in cm)	10	11									
V (in cm^3)											

8 Gegeben ist diese Zweitafelprojektion eines Prismas.

a) Skizziere das Prisma mit dem kleinsten und das Prisma mit dem größten Volumen!

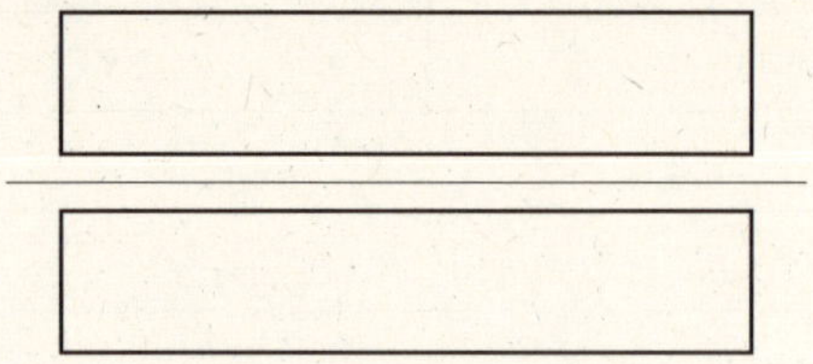

b) Bestimme jeweils das Volumen!

V_{min} = ______________________

V_{max} = ______________________

9 Zu einem Würfel mit einer Kantenlänge von 10 cm sollen folgende zwei Kreiszylinder bestimmt werden:

(1) der größte in das Prisma passende Kreiszylinder

(2) der kleinste Zylinder, der das Prisma vollständig enthält

a) Skizziere die drei Körper in einer Darstellung!

b) Schätze das Volumen des größeren Zylinders ab!

____

c) Berechne das Volumen des kleineren Zylinders!

____

10 Gegeben ist ein 20 cm hohes Prisma, dessen Grundfläche ein Quadrat mit der Seitenlänge 10 cm ist.

a) Welche Höhe muss ein regelmäßiges dreiseitiges Prisma gleichen Volumens haben dessen Grundfläche ebenfalls eine Seitenlänge von 10 cm hat? Rechne!

b) Wiederhole die Überlegungen für einen Zylinder, dessen Grundfläche einen Durchmesser von 10 cm hat!

Lösungen

7. a	10	11	12	13	12,5	12,6
V	1000	1331	1728	2197	1953	2000

8. a)

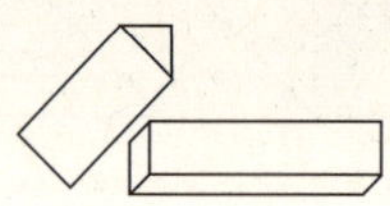

b) $V_\triangle = 2{,}5\ cm^3$
$V_\square = 5\ cm^3$

9. a)

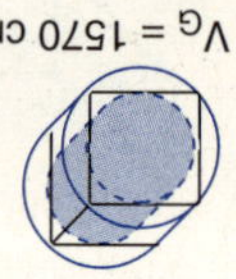

b) $V_G = 1570\ cm^3$
c) $V_K = 785\ cm^3$

10. a) h = 46 cm
b) h = 25,5 cm

1 Jede Figur ist ein Teil vom Netz eines geraden Prismas. Skizziere verkleinert die vollständigen Netze! Berechne dann die Oberfläche der zwei Prismen! Entnimm die Maße den Originalfiguren!

a)

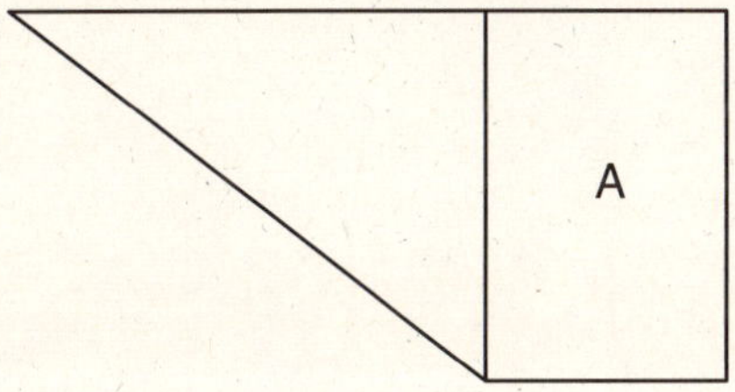

a)

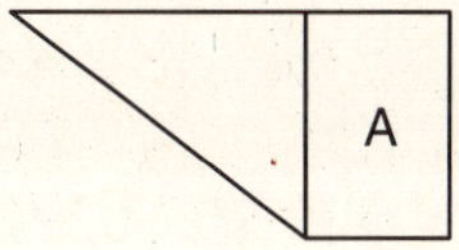

b)

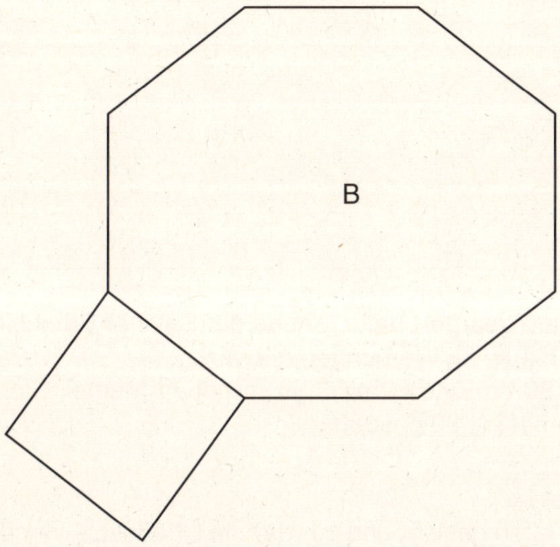

b)

2 Nebeneinander stehen drei gerade Prismen mit gleicher Höhe und gleich großer Grundfläche. Ein Prisma hat als Grundfläche ein gleichseitiges Dreieck, das zweite ein Quadrat und das dritte ein regelmäßiges Sechseck. Welches der drei Prismen hat die größte Oberfläche?

3 Ein Prisma hat eine Grundfläche vom 100 cm^2. Kann sein Volumen dann 1 cm^3 betragen?

Lösungen

1\. A: $A_O = 36\ cm^2$; B: $A_O = 109{,}5\ cm^2$

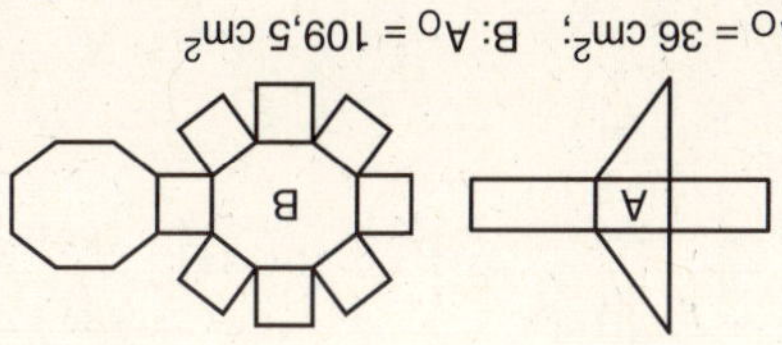

2\. das sechsseitige Prisma

3\. ja, wenn die Höhe 0,1 mm beträg.

4 Zeichne in die Kreise jeweils ein gleichseitiges Dreieck, ein Quadrat und ein regelmäßiges Sechseck ein!

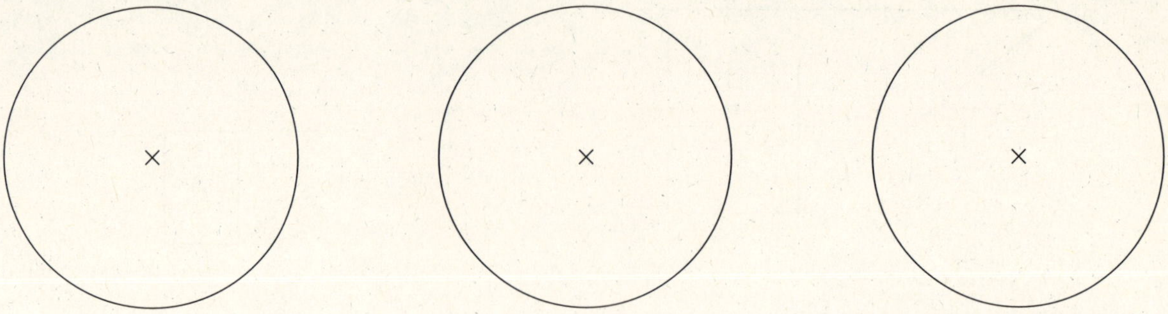

a) Berechne die Flächeninhalte der Vielecke und vergleiche sie mit dem Flächeninhalt des Kreises!
b) Kreis und alle Vielecke sind Grundflächen von geraden, 10 cm hohen Behältern. Berechne für jeden Behälter die Oberfläche! Entnimm dazu die Maße, soweit das notwendig ist, deiner Zeichnung!

5 Nachdem er sich über viele wild geklebte Plakate geärgert hatte, erfand der Berliner Ernst Litfaß 1855 die noch heute nach ihm benannte runde Litfaßsäule für Werbungen aller Art.
Eine Litfaßsäule hat einen Durchmesser von 80 cm und einen 2,60 m hohen Mantel. Sie steht auf einem 40 cm hohen Betonsockel, desen Durchmesser 90 cm beträgt.

a) Wie viel Beton wird für den Sockel benötigt?
b) Wie groß ist die Werbefläche auf dieser Säule?
c) Neue Plakate werden immer wieder auf die alten geklebt und so wird die Litfaßsäule immer dicker. Nach zwei Jahren ist ihr Umfang auf 2,70 m angewachsen. Wie dick ist die Papierschicht auf der Säule?

Skizze: Rechnung:

Lösungen

4. a) $A_{Kreis} \approx 12{,}6\ cm^2$; $A_{Dreieck} \approx 5{,}3\ cm^2$; $A_{Quader} \approx 8\ cm^2$; $A_{Sechseck} \approx 10{,}4\ cm^2$
b) $A_{O\ Kreis} \approx 151\ cm^2$; $A_{O\ Dreieck} \approx 115\ cm^2$; $A_{O\ Quader} \approx 128\ cm^2$; $A_{O\ Sechseck} \approx 141\ cm^2$
5. a) $V_{Sockel} \approx 0{,}25\ m^3$
b) $A_M \approx 6{,}5\ m^2$
c) Dicke der Papierschicht 3 cm

1 Tom kauft ein neues Aquarium. Es ist quaderförmig und hat ein Volumen von 150 Litern. Die Grundfläche des Aquariums hat 40 cm und 75 cm lange Seiten.

a) Wie hoch ist das neue Aquarium?

b) Tom füllt erst eine 7 cm hohe Schicht Sand ein. Wie viel Wasser passt jetzt noch in das Aquarium?

c) Als Tom noch 5 große Steine in das Aquarium legt, steigt der Wasserspiegel um 3 cm. Wie groß ist das Volumen der Steine?

2 Paulas Luftpumpe hat einen Innendurchmesser von 28 mm. Beim Pumpen kann der Kolben 35 cm weit verschoben werden. Wie oft muss sie pumpen, bis der Fahrradreifen ihrer kleinen Schwester, der etwa 10 Liter Luft fasst, gefüllt ist?

3 Zimmerleute verwenden beim Bau eines Hausdaches 6 mm dicke und 18 cm lange Stahlnägel.

a) Wie viele von diesen Nägeln sind ungefähr in einer Packung, die 3 kg wiegt?
b) Zwei Zimmerleute verbrauchen in zwei Stunden zwei Packungen Nägel. Wie viele Packungen Nägel verbrauchen dann drei Zimmerleute in drei Stunden?

Lösungen

1. a) c = 50 cm b) V = 129 Liter c) 9 dm³
2. $V_{Pumpe} \approx 215{,}5\ cm^3$; Paula muss ca. 50-mal pumpen. (47-mal)
3. a) $V_{Nagel} \approx 5{,}1\ cm^3$; 39,8 g wiegt ein Nagel; 75 Nägel sind in einer Packung
   b) 4,5 Packungen

4 Zur Einführung eines neuen Milchprodukts werden in einem Unternehmen verschiedene Verpackungsformen getestet. Dabei werden folgende Bedingungen gestellt:
So sollen ca. 160 bis 180 cm^3 Rauminhalt zur Verfügung stehen, die Verpackung soll die Form eines Prismas oder Kreiszylinders haben sowie 7 cm hoch sein.
Die Grundfläche soll aus Werbungsgründen entweder ein Quadrat (a = 5 cm), ein rechtwinkliges gleichschenkliges Dreieck (a = b = 7 cm) oder ein Kreis (r = 3 cm) sein.

a) Skizziere mögliche Verpackungen und jeweils zwei dazu passende Netze!

b) Welche der Verpackungen hat das größte Volumen? Schätze zunächst und berechne dann!

$V_Q \approx$ ______ $V_Q =$ ______

$V_K \approx$ ______ $V_K =$ ______

$V_D \approx$ ______ $V_D =$ ______

c) Welche der Verpackungen hat den kleinsten Materialbedarf für den Becher (Kunststoff) und für den Deckelverschluss (Aluminiumfolie)? Schätze erst und rechne dann!

Becher: Deckel:

$A_Q \approx$ ______ $A_Q =$ ______ $A_Q \approx$ ______ $A_Q =$ ______

$A_K \approx$ ______ $A_K =$ ______ $A_K \approx$ ______ $A_K =$ ______

$A_D \approx$ ______ $A_D =$ ______ $A_D \approx$ ______ $A_D =$ ______

Lösungen

4. b) $V_Q = 175\ cm^3$; $V_{Dr} \approx 172\ cm^3$; $V_K \approx 198\ cm^3$

c) Becher $A_Q = 165\ cm^2$; $A_{Dr} = 192\ cm^2$; $A_K = 160\ cm^2$

Deckel $A_Q = 25\ cm^2$; $A_{Dr} = 24,5\ cm^2$; $A_K = 28\ cm^2$

1 Finde verschiedene Möglichkeiten für ein Zweitafelbild dieser Halbkugel!

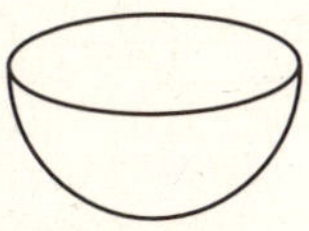

2 Wie in der Zeichnung dargestellt, wurde von einem Würfel ein Teil abgeschnitten.

a) Wie groß ist das Volumen des Restkörpers?

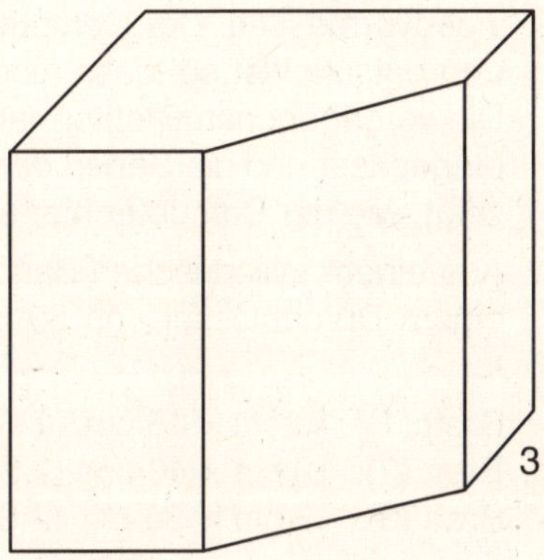

b) Berechne die Oberfläche des abgeschnittenen Teilkörpers! (Fehlende Maße kannst du durch eine Zeichnung bestimmen.)

3 Aus welchen der Würfelnetze A bis D kann der abgebildete Würfel gebaut werden?

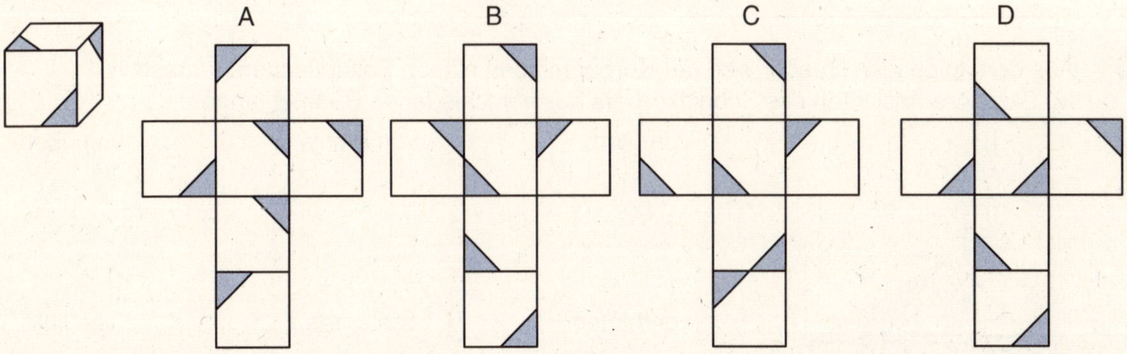

Färbe die folgenden Würfelnetze passend zum abgebildeten Würfel! Finde verschiedene Möglichkeiten!

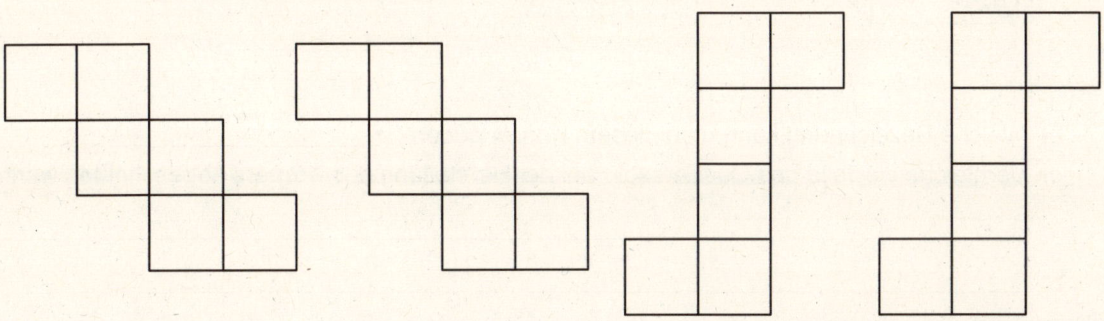

Lösungen

1.

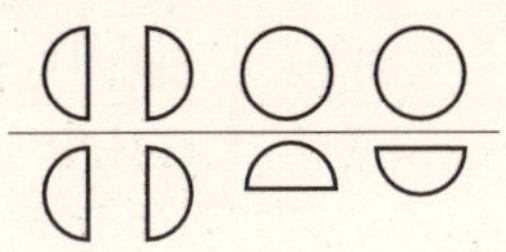

2. a) $V \approx 189\ cm^3$
b) $A_O \approx 70{,}4\ cm^2$

3. A; C; D

4 Aus einem Würfel mit 10 cm Kantenlänge soll ein Würfel mit doppelt so großer Oberfläche entstehen. Um wie viel Zentimeter müssen die Kanten verlängert werden? Schätze und überlege!

a	10	11	12	13	14									
A_O														

5 In einem modernen Holzbetrieb werden die Baumstämme videovermessen. Der Computer wertet die Aufnahme aus und entscheidet so, dass möglichst wenig Abfall entsteht. Die vorgegebenen Brettformate werden in den Querschnitt eingepasst und die Sägen danach ausgerichtet. Die Grafik zeigt, wie der Computer hier entscheidet:

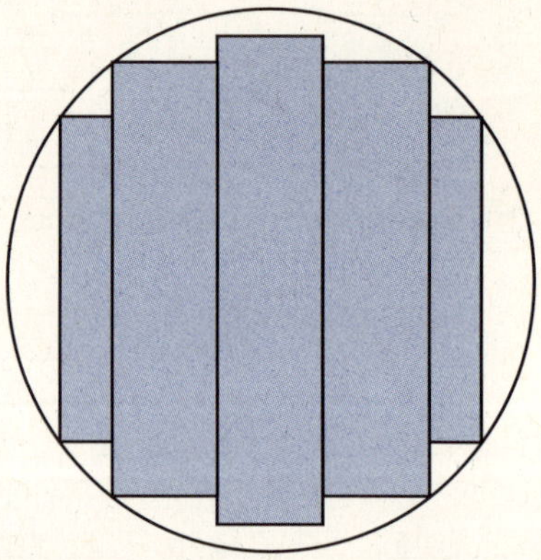

Aus einem zylindrischen Baumstamm von 5 m Länge und einem Durchmesser von 50 cm entstehen folgende Bretter:

Brett (1): 10 cm × 45 cm (1 Stück)
Brett (2): 10 cm × 40 cm (2 Stück)
Brett (3): 5 cm × 30 cm (2 Stück)

Wie viel Prozent des Baumstamms werden zu Brettern verarbeitet?

6 Aus dem folgenden Quader wird der Körper mit den blauen Seitenflächen hergestellt.

a) Skizziere Ansichten des Schnittkörpers aus verschiedenen Blickrichtungen!

von vorn | von rechts | von oben

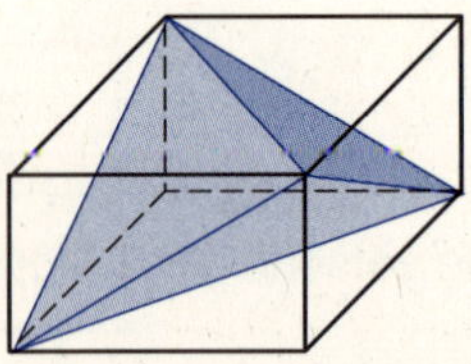

von hinten | von unten | von links

b) Welche Bezeichnung kann man diesem Körper geben? ______

c) Vergleiche die Teile des Quaders, die bei der Herstellung des Körpers abgeschnitten werden!

Lösungen

5. 79 %

6. b) dreiseitige Pyramide, Tetraeder
c) vier gleich große gleichseitige Pyramiden

4.

a	10	11	12	13	14	14,1	14,2
A	600	726	864	1014	1176	1184	1210

Die Kanten müssten um ca. 4,2 cm verlängert werden.

1 Die Monate eines Jahres haben unterschiedlich viele Tage.

a) Gib für ein normales Jahr (kein Schaltjahr) die Anzahl der Tage für die einzelnen Monate an!

b) Ermittle für die unterschiedlichen Monatslängen deren absolute Häufigkeit! Welche Anzahl tritt am häufigsten auf?

2 Mario hat eine Münze 50-mal geworfen. Er beobachtet, wie Wappen (W) oder Zahl (Z) fallen. Das Ergebnis hat er in der folgenden Form notiert:

WZWWZ	ZWWWZ	WZZZZ	WZZWW	WWZWZ
WZWZZ	WWWZZ	WZWWW	ZZZZW	WZWWZ

a) Ermittle die absolute Häufigkeit für die beiden Ergebnisse Z bzw. W!

b) Was vermutest du, wenn die Münze 500-mal oder 5000-mal geworfen wird?

3 Im Jahre 1999 hat die Deutsche Post AG insgesamt 60 Briefmarken zu folgenden Werten herausgegeben (Angabe in Pfennig):

110	100	110	110	300	110	100	300	110	110
110	110	110	110	300	110	110	110	110	110
110	110	110	110	110	110	110	110	110	110
100	100	220	110	300	110	110	220	110	300
110	110	110	110	110	110	110	110	110	300
110	100	110	110	200	110	110	100	100	110

a) Ermittle die absolute Häufigkeit für die einzelnen Werte!

Wert (in Pf)					
Strichliste					
Anzahl					

b) Wie viel Mark musste ein Sammler ausgeben, um den kompletten Jahrgang postfrischer Briefmarken zu erwerben?

Lösungen

1. a) 31, 28, 31, 30, 31, 30, 31, 31, 30, 31, 30, 31
   b) 7 × 31, 4 × 30, 1 × 28; 31 Tage tritt am häufigsten auf
2. a) 26-mal W; 24-mal Z
   b) Es wird jeweils etwa die Hälfte Zahl bzw. Wappen geworfen.
3. a)

Wert	100	110	200	220	300
Strichliste	𝍸 II	𝍸 𝍸 𝍸 𝍸 𝍸 𝍸 𝍸 𝍸 IIII	I	II	𝍸 I
Anzahl	7	44	1	2	6

   b) 79,80 DM

1 In einem Pokalwettbewerb befinden sich noch vier Mannschaften A, B, C und D. Die Auslosung des Halbfinales erfolgt durch Ziehen aus einer Lostrommel. Schreibe alle möglichen Spielpaarungen auf!

____

2 Das Werfen einer Münze stellt einen zufälligen Vorgang dar, bei dem genau eines der folgenden Ergebnisse eintreten kann: *Wappen (W)* oder *Zahl (Z)*. Es kann jedoch nicht vorausgesagt werden, welches der beiden Ergebnisse eintritt.

Für die Ergebnismenge schreibt man kurz auch: E = {W; Z}

Schreibe für die folgenden zufälligen Vorgänge jeweils alle möglichen Ergebnisse auf (bzw. gib die Ergebnismenge an)!

a) Es wird mit einem idealen Spielwürfel gespielt.

____

b) Es werden zwei Münzen gleichzeitig geworfen.

____

c) Eine Münze und ein Würfel werden gleichzeitig geworfen.

____

____

3 Es wird mit zwei Würfeln gleichzeitig gewürfelt und die Summe der Augenzahlen betrachtet.

a) Welche Ergebnisse können auftreten?

____

____

____

____

b) Welches Ergebnis wird deiner Meinung nach am häufigsten auftreten, wenn sehr viele Würfe durchgeführt werden?

____

4 In einem Gefäß befinden sich zwei blaue und sieben weiße Kugeln. Es werden nacheinander drei Kugeln gezogen (die jeweils gezogenen Kugel wird nicht zurückgelegt).
Gib die möglichen Ergebnisse an!

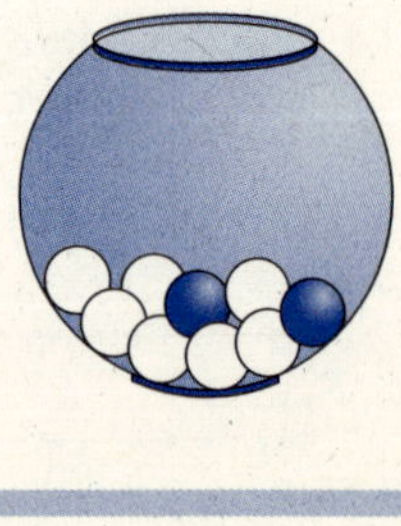

____

____

____

____

Lösungen

1. A : B und A : C und A : D und B : C und B : D und C : D
2. a) E = {1; 2; 3; 4; 5; 6}
   b) E = {WW; WZ; ZZ}
   c) E = {1W; 2W; 3W; 4W; 5W; 6W; 1Z; 2Z; 3Z; 4Z; 5Z; 6Z}
3. a) E = {2; 3; 4; 5; 6; 7; 8; 9; 10; 11; 12}
   b) 7
4. drei weiße Kugeln; zwei weiße und eine blaue Kugel; eine weiße und zwei blaue Kugeln

5 In sieben verschlossenen Briefumschlägen befindet sich jeweils genau eine der Banknoten 5 €, 10 €, 20 €, 50 €, 100 €, 200 € bzw. 500 €. Der Gewinner einer Spielshow kann zwei der Umschläge auswählen.

a) Gib alle möglichen Ergebnisse dieses zufälligen Vorgangs an!

b) Wie viel Euro hat der Spieler mindestens gewonnen? Wie viel kann er höchstens gewinnen?

6 Bei einer statistischen Untersuchung wird der Anteil von Mädchen (M) und Jungen (J) bei Familien mit vier Kindern untersucht.

a) Gib alle möglichen Fälle für eine Verteilung an!

b) Was meinst du, welcher Fall am häufigsten auftreten wird?

7 Aus einem Kartenspiel, bestehend aus je acht Karten der Farben Karo (♦), Herz (♥), Pik (♠) und Kreuz (♣), werden zufällig zwei Karten gezogen.
Gib alle möglichen Verteilungen (Kombinationen der Farben) an!

Lösungen

7. ♦♦; ♦♥; ♥♥; ♥♠; ♥♣; ♦♠; ♦♣; ♠♠; ♠♣; ♣♣
5. a) 21 Ergebnisse
   b) Er kann mindestens 15 € und höchstens 700 € gewinnen.
6. a) (J; J; J; J) (J; J; J; M) (J; J; M; M) (J; M; M; M) (M; M; M; M)
   b) (J; J; M; M)

1 Doreen würfelt 120-mal mit dem Würfel und notiert folgende Augenzahlen:

14213	36143	54424	25514	12652	61425	15653	33362
21122	66145	12451	24343	31235	23515	32431	34522
13366	65363	32545	56632	34434	62453	34336	11465

a) Ermittle die absolute Häufigkeit für die einzelnen Augenzahlen in einer Strichliste!

Augenzahl						
Häufigkeit						
Anzahl						

Die relative Häufigkeit erlaubt Stichproben mit unterschiedlichem Umfang zu vergleichen. Sie berechnet sich folgendermaßen:

$$\text{relative Häufigkeit} = \frac{\text{absolute Häufigkeit}}{\text{Anzahl der Versuche}}$$

b) Gib die relative Häufigkeit für die verschiedenen Augenzahlen als Bruch und als Prozentsatz an!

Augenzahl	1	2	3	4	5	6
relative Häufigkeit						
relative Häufigkeit in Prozent						

2 Steffi und Andre führen vor ihrer Schule eine Verkehrszählung durch. Sie erfassen die vorbeifahrenden Fahrzeuge in einer Strichliste. Das Ergebnis ist im Folgenden wiedergegeben.
Ergänze die folgende Tabelle!

Art des Fahrzeugs	PKW	LKW	Bus	Motorrad	Fahrrad
Anzahl	卌 卌 卌 卌 卌 卌 卌 卌 ||	卌 卌 卌	||	卌 ||	卌 卌 卌 卌 ||||
absolute Häufigkeit					
relative Häufigkeit					

3 Stelle die Verteilung aus Aufgabe 2 in einem Kreisdiagramm dar!

Lösungen

1. a)

Augenzahl	1	2	3	4	5	6
Anzahl	18	20	27	20	19	16

b)

Augenzahl	1	2	3	4	5	6
relative Häufigkeit	$\frac{3}{20}$	$\frac{1}{6}$	$\frac{9}{40}$	$\frac{1}{6}$	$\frac{19}{120}$	$\frac{4}{30}$
relative Häufigkeit in %	15	16,7	22,5	16,7	15,8	13,3

2.

Fahrzeug	PKW	LKW	Bus	Motorrad	Fahrrad
abs. Häufigkeit	42	15	2	7	24
relat. Häufigkeit	46,7 %	16,7 %	2,2 %	7,8 %	26,7 %

3.

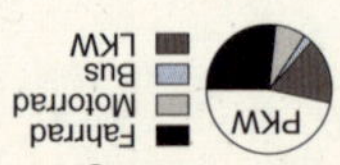

Die Wahrscheinlichkeit eines Ereignisses E kann kurz folgendermaßen definiert werden:

$$\text{Wahrscheinlichkeit } P(E) = \frac{\text{Anzahl der für E günstigen Ergebnisse}}{\text{Anzahl der möglichen Ergebnisse}}$$

Die Wahrscheinlichkeit, mit einem Spielwürfel eine „6“ zu würfeln, beträgt $\frac{1}{6}$.

1 Es wird mit einem idealen Würfel gewürfelt. Gib die Wahrscheinlichkeiten der folgenden Ereignisse an!

A: Es wird eine „5“ gewürfelt. P(A) ____________________

B: Es wird eine gerade Zahl gewürfelt. P(B) ____________________

C: Es wird keine gerade Zahl gewürfelt. P(C) ____________________

D: Es wird eine „3“ oder eine „4“ gewürfelt. P(D) ____________________

E: Es wird keine „5“ gewürfelt. P(E) ____________________

2 Bei einer Tombola sind von insgesamt 2000 Losen
2 Hauptgewinne,
40 mittlere Gewinne,
160 kleinere Gewinne,
800 Trostpreise.

a) Bestimme jeweils die Wahrscheinlichkeit für das Erzielen eines Gewinns in den einzelnen Gewinngruppen in Prozent!

____

____

b) Wie groß ist die Wahrscheinlichkeit, eine Niete zu ziehen? ____________________

3 Aus einem Skat-Kartenspiel mit 32 Blatt und den Farben Karo, Herz, Pik und Kreuz wird eine Karte gezogen. Wie groß ist die Wahrscheinlichkeit folgender Ereignisse?

A Die gezogene Karte ist der Kreuzbube. P(A) ____________________

B Die gezogene Karte ist Pik sieben. P(B) ____________________

C Die gezogene Karte ist eine Karokarte. P(C) ____________________

D Die gezogene Karte ist eine rote Karte (Karo oder Herz). P(D) ____________________

E Die gezogene Karte ist keine sieben. P(E) ____________________

Lösungen

2. a) Hauptgewinn 0,1 %
mittl. Gewinn 2 %
kleiner Gewinn 8 %
Trostpreis 40 %

b) $P_{(Niete)} = 1 - \frac{1002}{2000} = \frac{998}{2000} = 49{,}9\ \%$

3. A: $\frac{1}{32}$; B: $\frac{1}{32}$; C: $\frac{1}{4}$; D: $\frac{1}{2}$; E: $\frac{7}{8}$

1. A: $\frac{1}{6}$; B: $\frac{1}{2}$; C: $\frac{1}{2}$; D: $\frac{1}{3}$; E: $\frac{5}{6}$

1 Bei einem Tennisturnier treten die Spieler A und B gegeneinander an. Sieger ist derjenige, der zuerst drei Sätze gewonnen hat. Schreibe alle möglichen Spielverläufe auf!
(Beispiel: ABBAB – B gewinnt den zweiten, dritten und fünften Satz und ist damit Sieger)

2 Jens würfelt beim „Mensch-ärgere-dich-nicht" dreimal hintereinander. Hat er eine „Sechs", so darf er eine Figur einsetzen.

a) Wie groß ist die Wahrscheinlichkeit, dass er Erfolg hat? Zeichne auch ein entsprechendes Baumdiagramm!

b) Schätze, wie groß die Erfolgsaussichten sind, wenn Jens zehnmal hintereinander würfelt!

3 Sabine veranstaltet für ihre Geburtstagsgäste ein Lotto „3 aus 5". Jeder kann von 5 Zahlen auf seinem Spielschein drei ankreuzen. Anschließend werden drei Gewinnkugeln gezogen.

a) Schreibe alle möglichen Tipps auf!

b) Wie groß ist die Wahrscheinlichkeit, alle drei Zahlen richtig zu haben?

4 Herr Neunmalklug hat drei Richtige mit Zusatzzahl im Lottto „6 aus 49". Er weiß, dass im Vorjahr der durchschnittliche Gewinn für drei Richtige mit Zusatzzahl 12,40 € betragen hat.
Wie viel hat Herr Neunmalklug mindestens gewonnen, wie groß kann sein Gewinn höchstens sein?

Lösungen

2. a)

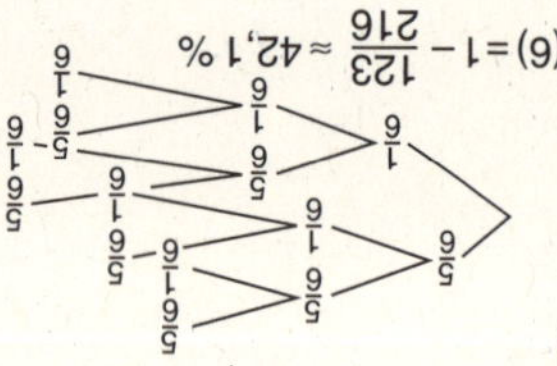

$P(6) = 1 - \frac{123}{216} \approx 42{,}1\,\%$

b) Erfolgsaussichten: $P(6) = 1 - (\frac{5}{6})^{10} \approx 83{,}8\,\%$

1. Sieger A: AAA; AABA; ABAA; BAAA; ABBAA; ABABA; BBAAA; AABBA; BABAA; BAABA; 10 Verläufe
Sieger B: BBB; BBAB; BABB; BBAAB; BAABB; AABBB; ABBAB; ABABB; BABAB; ABBB; 10 Verläufe

4. Aus dem Durchschnittswert kann nicht auf das Maximum/Minimum geschlossen werden.

3. a) 123; 124; 125; 134; 135; 145; 234; 235; 245; 345 b) 10 %